圖解人體百科

Body : A Graphic Guide to Us

從生理、醫學、遺傳、感官等全面介紹
人體各個部位的基本構造、運作方式以及功能

史帝夫·帕克 Steve Parker、安德魯·貝克 Andrew Baker

黃浩然-審定

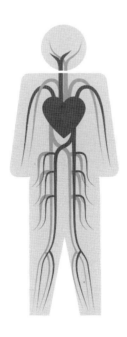

遠流出版公司

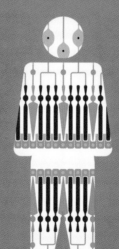

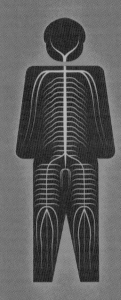

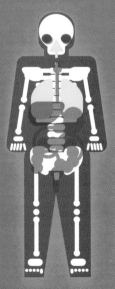

每個人都是獨一無二的。

每個人都有身體,想讓身體運作良好,不僅自己要愛護和珍惜,也需要最親密的家人與朋友一起守護和珍惜。誰不想好好了解關於自己身體的一切,以及更多別的知識呢?

資訊圖表是透過圖表來傳達訊息和知識,其中圖形和顏色比文字還要多,讓閱讀者能夠直觀地理解並快速吸收其中的知識。與文字相比,資訊圖表也較容易被記住。事實上,每個人都能理解資訊圖表,它們甚至能讓統計數字變得有趣,讓數據變得好玩,讓知識牢牢存在人的腦海。

所以,把人體這個主題和資訊圖表結合在一起,應該是不錯的主意。但要怎麼把兩者整合起來呢?許多人體書都會一口氣介紹十幾個功能屬性的系統,例如骨骼、肌肉、心血管、消化、腦和神經等。但是,我們想讓這本書與眾不同。

從文藝復興時期和現代知識誕生的時代開始,人們主要透過兩種方式來研究身體。一種是解剖學,即物理屬性(實質性)的結構組織和構造,始於安德雷亞斯·維薩留斯(Andreas Vesalius)在1543年的巨著《人體構造》。與解剖學互為補充的是生理學,即化學屬性的運作和功能,此概念是由尚·費爾內爾(Jean Fernel)在1567年的《生理學》中最先引入。這兩個概念形成了現代人類生物學和醫學的基礎,也是本書的第一部分和第二部分。接著出現的是本書第三部分的主題:遺傳學。這個概念直到20世紀中葉才出現,它的突出之處乃是科學界最偉大的一項發現—詹姆斯·華生(James Watson)和弗朗西斯·克里克(Francis Crick)於1953年發現的DNA雙螺旋結構。

本書第四部分為探索身體主要的感官模式（人體會透過感官學習和體驗），第五部分則會解釋，人體的細胞、組織和器官等部分是如何緊密協調和整合，統合於一個整體之中。第六部分則在解析腦部：人腦俯瞰我們整個軀體，是人體的首席指揮／控制中心、內部網路集線器，也是覺察能力、感知和意識的所在處。到現在為止，我們所說的一切都是指成人。每個身體都有其發展歷程。身體是從一個極微小的受精卵開始，之後大小和複雜性會增加數十億倍，這一整個生命週期會在第七部分中介紹。如果身體出現了問題，就需要醫療給予幫助，第八部分將會加以探討。

沒有一本關於人體的書能寫得面面俱到，但至少能夠精心選擇內容，尤其是透過資訊圖表，可以寫得引人入勝、有趣、充滿驚奇、獨特、全面，來彌補一些缺憾。本書也用到了流程圖、圖表、地圖、步驟圖、時間軸、符號、繪圖文字、圖標、圓餅圖和長條圖。至於其中用到的基本知識，得感謝那些整理和分析大量原始數據、基本事實和訊息的人們。我們的任務是尋找、闡釋和轉換這些知識，使讀者發現他們感興趣的東西。希望本書能鼓勵各位，更用心去了解、欣賞身體這個我們最為寶貴的資產。

人體的物理屬性
PHYSICAL BODY

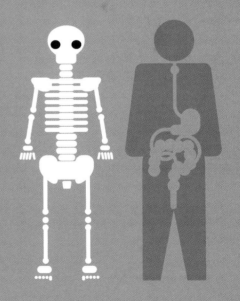

一英里高的身體

在人體中，通常會有幾十種器官同時進行非常複雜且不間斷的相互作用。這些器官包含了數百種組織，這些組織又由數十億的細胞所組成，只能用顯微鏡才看得到。為了把這種異常複雜、範圍又極廣的生理尺寸以圖形呈現出來，有一種方法就是把人體放大：比如說，把身高設定為剛剛好1英里（約1.6公里）。這個高度是世界最高樓的兩倍，在其中進進出出、上上下下的人們看起來就像螞蟻一樣小——接下來，請看下文！

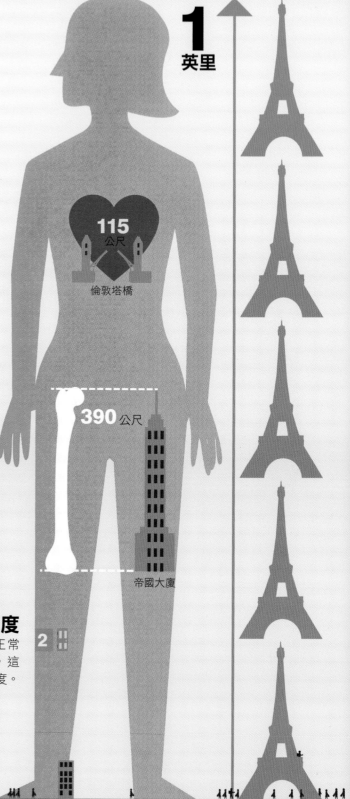

1 英里

倫敦塔橋
115 公尺

390 公尺
帝國大廈

艾菲爾鐵塔（巴黎）

最小的骨頭
2.8 公尺
馬鐙形狀的小骨（鐙骨），位於耳朵。

最長的骨頭
大腿骨（股骨）

7 公釐
最小的細胞
紅血球

皮膚厚度
按比例放大後，正常皮膚有兩公尺厚，這也是一般門的高度。

2

DNA
按照這種比例，若把人體一個細胞的細胞核中，所有的DNA首尾連在一起，長度會超過 2公里。

1英里≒1.6公里＝1600公尺

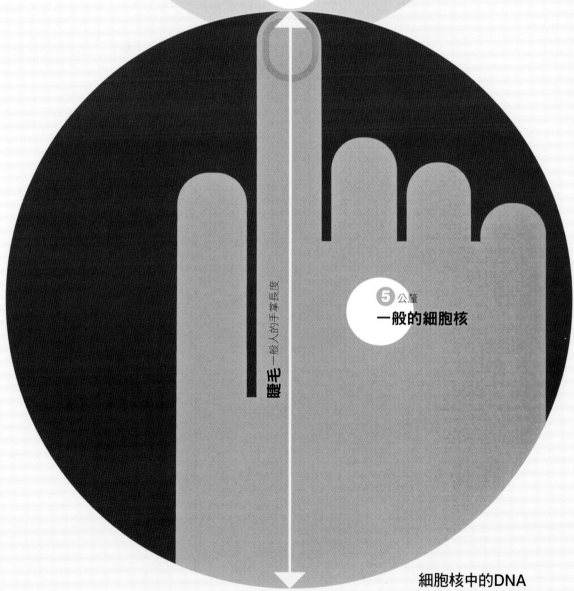

卵子（卵細胞） **11** 公分

2 公分

白血球（巨噬細胞）

睫毛 一般人的手掌長度

5 公釐
一般的細胞核

細胞核中的DNA
直徑為 $2 \mu m$（微米）

寬度是人類一根頭髮的 $1/30$，
厚度是這頁紙張的 $1/60$。

史前
人類物種

60萬～25萬年前	20萬～5萬年前
海德堡人	尼安德塔人
Homo heidelbergensis	*Homo neanderthalensis*
（歐洲、非洲）	（歐洲、亞洲）

75　157　66　154

越走越高

身高可能是人體當中最容易用圖來呈現的部分。過去兩個世紀中，全球平均身高持續增長，主要是營養更好（特別是嬰幼兒時期的營養），以及疾病減少。在先進國家或比較富裕的國家中，這種趨勢最為明顯。目前，趨勢最明顯的是荷蘭，年輕成年男性的平均身高為184公分，女性平均身高為170公分，比150年前的荷蘭人大約高了19公分。然而在北美洲，從20世紀中葉以來，人們的平均身高只有些微增加。從全球範圍來看，未來幾十年人類的身高可能還會再增長。如果貧困國家的營養和健康狀況得到改善，這些國家的平均身高將會相對增長快速，至於富裕的地區，平均身高的增長似乎逐漸進入停滯期。

164　155　173　158　167　155　170　161　172　164　174　164

3200年前	10世紀中葉	17世紀中葉	18世紀中葉	19世紀中葉	20世紀中葉
（古希臘）	（歐洲）	（歐洲）	（歐洲）	（歐洲、北美洲）	（西半球）

一些值得注意的平均身高

173　160　153　148　183　170

全球	巴塔侏儒人（非洲）	丁卡人（非洲）

各地平均身高

北美洲

176 163

歐洲

177 174

東亞

171 159

南美洲

168 159

非洲南部

169 160

澳大拉西亞
（包含澳洲、紐西蘭、鄰近的太平洋島嶼等區域）

175 164

■ 男性

■ 女性

▨ 世界紀錄

*測量值均以公分為單位

美國NBA球員

202 181

錢德拉・巴哈杜爾・唐吉，尼泊爾

55

世界上最矮的人

鮑琳・馬斯特斯，荷蘭

58

羅伯特・瓦德羅，美國

272

曾金蓮，中國

248

世界上最高的人

標準門的高度

體型

人類全身共有206塊骨骼（異常生長或手術切除這些罕見情況除外）。但是每個人骨骼的相對大小和形狀並不相同，因此有不同的基本體型，例如大塊頭、苗條、四肢修長、粗短、結實、瘦長、纖細等等各式各樣的形容詞。

停止成長之後，成人的骨骼形狀就決定了身體的尺寸大小，比如整體高度和四肢的比例。不過，包在骨骼外面的層層結構，也會大大影響身體的輪廓。這些結構包括：從深層到淺層的幾組肌肉、包覆在肌肉外層的皮膚，以及一直被討論個沒完的皮下脂肪組織（也就是脂肪）。

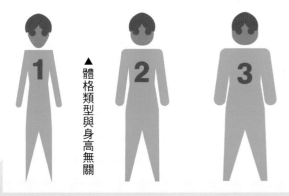

▲ 體格類型與身高無關

一般骨架類型

1. 瘦長型（外胚層）：苗條、骨質輕、「纖弱」，多半瘦弱
2. 運動型（中胚層）：平均水平
3. 易胖型（內胚層）：寬大、骨骼粗大、「健壯」，多半肥胖

大多數人的體型會是介於兩種類型中間。

1940年代，美國的心理學家威廉・謝爾頓（William Sheldon）嘗試找出身體形狀、尺寸大小跟人格特徵、氣質、智力、情緒狀態有何關聯。他認為，瘦長型者內向、焦慮、害羞、自制；易胖型者坦率、很會表達、健談、隨和。這個理論已遭到推翻。

你好！

你好

世界上最重的男性（公斤）
約翰・米諾奇（美國）

香蕉形

草莓形

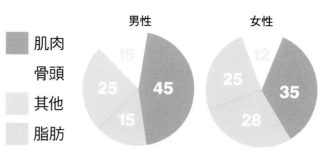

男性　女性

肌肉
骨頭
其他
脂肪

男性：15　25　45　15
女性：12　25　35　28

BMI：身體質量指數

BMI是透過質量（體重）、身高來粗略判斷健康狀況的一種計算方式，其目的是男女都適用，並且涵蓋絕大部分的體形（無論是苗條或肥胖）。

小於 **18.5** ｜ **18.5–24** ｜ **24–27** ｜ **27**

M÷H²，或者身體質量（公斤）除以身高的平方（公尺）
* 台灣與歐美的BMI標準值不同，國健署公布之標準值分別為：
　小於18、18.5~24、24~27、27+

WHtR：腰圍身高比

WHtR可能是這些計算方式中最簡單的一種，它是一項快速、便捷的指標，能夠說明身體中脂肪的分布位置。

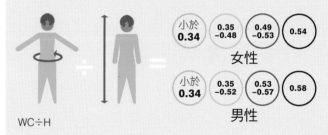

小於 **0.34** ｜ **0.35 –0.48** ｜ **0.49 –0.53** ｜ **0.54**
女性

小於 **0.34** ｜ **0.35 –0.52** ｜ **0.53 –0.57** ｜ **0.58**
男性

WC÷H

ABSI：身形指數

ABSI衍生自BMI，它包含了腰圍（WC），也考慮了體脂分布，咸認為是個更準確的健康預測指標，只是計算過程有點麻煩。

$WC ÷ (BMI^{2/3} × H^{1/2})$ = **0.0808**

WC÷（BMI³⁄₄×H¹⁄₂），或者以BMI的²/₃次方乘以身高的½次方（公尺），再除腰圍（公尺）（即將腰圍除以前面那一大項）。完整的計算還要考慮到年齡和性別。

過輕　正常　過重　肥胖

544

世界上最重的女性（公斤）
卡羅爾·雅格（美國）

水果和堅果形狀的體型

相較於複雜的公式，水果或堅果形狀的體型也許比較容易記住，這些形狀能夠表達額外的體重分布在什麼位置。一般說來，如果是腹部有脂肪堆積（蘋果形狀）的人，會比臀部和大腿周圍有脂肪（梨形）的人，健康風險比較高。

蘋果形　梨形　花生形

人體比例

自古以來，藝術家和雕塑家就已歌頌人體的比例以及人體形態的協調。當然，每個人身體的形狀和尺寸各有不同，但絕大部分都具備相同的比例關係。著名的黃金比例1：1.618（也被稱為黃金分割，phi，Φ），在自然界中廣泛存在，在藝術中則常被用於創作賞心悅目、勻稱的長度和形狀。在人體中也有出現這個比例。

1 **1.618**

頭身（「八頭身」）
如果下巴到頭以下的部分（頭／臉）佔總身高的八分之一，就會出現以下這些特有的比例：

黃金比例的身體
黃金比例。假設有長為 a 和 b 的兩條線，
a：b ＝（a＋b）：a ＝ 1.618

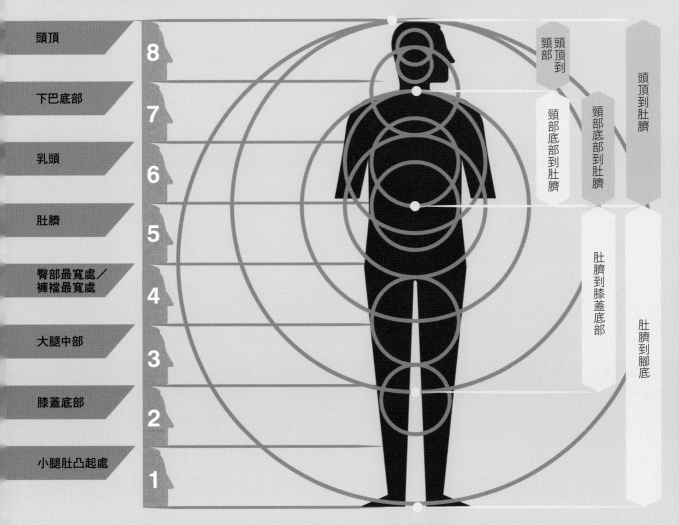

頭頂	8
下巴底部	7
乳頭	6
肚臍	5
臀部最寬處／褲襠最寬處	4
大腿中部	3
膝蓋底部	2
小腿肚凸起處	1

頭頂到頸部
頸部底部到肚臍
頭頂到肚臍
頸部底部到肚臍
頭頂到肚臍
肚臍到膝蓋底部
肚臍到腳底

以身體做為測量單位

英尺（foot）：
腳後跟到大拇趾趾尖
起源：中世紀法國

304.8

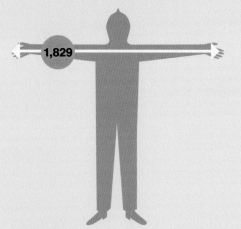

英尋（fathom）：
雙臂伸展後，兩手手指之間的距離
起源：中世紀英國

1,829

一掌寬（palm）：
4個手指底部寬度
起源：古埃及

76.2

一指寬（digit）：
手指的寬度
起源：古埃及

18

英寸（inch）：
拇指的指關節到指尖
起源：中世紀英國

24.5

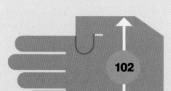

一手寬（hand）：
拇指併攏時手的寬度
起源：古埃及

102

腕尺（cubit）：
從肘部到中指指尖
起源：古埃及、古羅馬

457

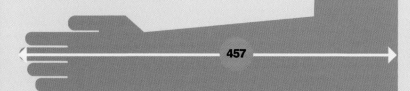

碼（yard）：
從腋窩到中指指尖
起源：中世紀英國

914.4

單位：現代的公釐

切開來看

就像確認某地的位置需要緯度、經度和海拔一樣，想要知道人體任何部位的精確位置，也需要基本的空間座標或方位，例如上下、左右、前後。在今天，許多掃描技術可以顯示出人體的五臟六腑，不需要手術刀切開就可以看到。以下是我們在觀察人體時需要知道的各種角度。

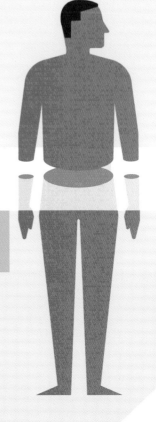

橫切面
水平方向，分成上、下部分

解剖平面

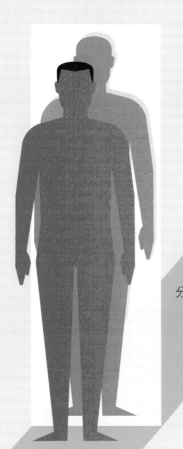

矢狀面
分成左、右部分

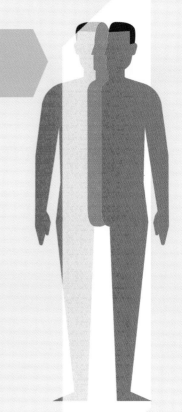

冠狀切面
分成前、後部分

旋轉軸

縱軸	額狀軸	橫軸
上下方向	前後方向	左右方向

觀察角度

下方
從下面看

上方
從上方看

外側
遠離身體中線的一側

內側
靠近身體中線的一側

前方
從前面看

後方
從後面看

遠端
四肢相對於軀幹

近端
軀幹相對於四肢

17

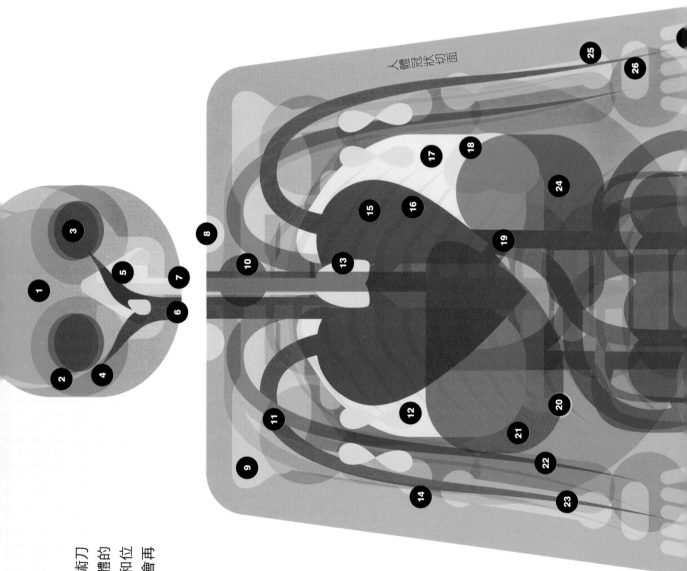

人體冠狀切面

透視人體

先進的影像技術，意味著我們不用手術刀解剖就可以看穿人體，而且是看到身體的每一個角落。以下是一些主要的器官和位置，它們提供了很好的參考點，後文會再做詳細的說明。

1　額骨
2　眼輪匝肌
3　眼眶
4　顳肌
5　鼻腔
6　頸動脈
7　頸靜脈
8　頸淋巴結
9　肩胛骨
10　甲狀腺
11　腋動脈和腋靜脈
12　胸腔淋巴結
13　胸腺
14　肱骨
15　心臟
16　助骨
17　左肺
18　左臂
19　主動脈
20　膽囊
21　肝臟
22　橈靜脈

18

手臂橫切面

23 尺動脈
24 胃
25 橈骨和尺骨
26 腕骨
27 掌骨
28 小腸
29 結腸（大腸）
30 髂動脈
31 髂靜脈
32 闌尾

33 腹股溝淋巴結
34 直腸
35 股骨
36 臏骨
37 股動脈和股靜脈
38 脛骨和腓骨
39 脛前動脈和脛前靜脈
40 脛後動脈和脛後靜脈
41 跗骨
42 蹠骨

1 肱三頭肌
2 肱骨
3 肱二頭肌

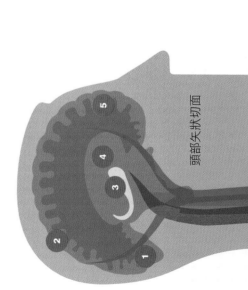

頭部矢狀切面

1 枕葉
2 大腦皮質
3 腦室
4 胼胝體
5 額葉

系統分析

一個人體系統就是一組器官、組織和細胞，它們各自專門負責一種（或者兩種）主要功能，讓人活著並運作良好。

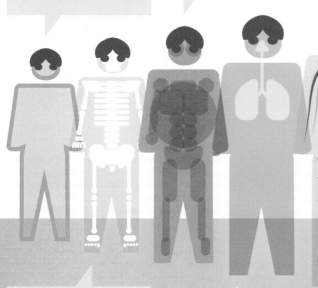
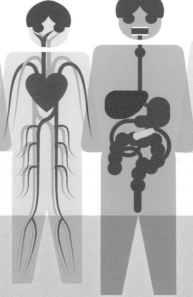

皮膚系統
- 皮膚・頭髮・指甲
- 汗腺和其他外分泌腺

保護、調控體溫、排泄廢物、感覺。

肌肉系統
640多塊骨骼肌，專門負責收縮。

負責人體的移動、體內物質的輸送、保護。

心血管系統
- 心臟・血液・血管

輸送氧氣和營養物質、收集二氧化碳和廢物、調控體溫。

泌尿系統
- 腎臟・輸尿管・膀胱
- 尿道

濾出血液中的廢物、控制體液的整體水平。

骨骼系統
206 塊骨頭（也包括關節）

支撐、保護、移動、生成血液中的細胞。

呼吸系統
- 鼻・喉・氣管
- 呼吸道・肺

吸入氧氣、排出二氧化碳、發出聲音。

消化系統
- 口腔・牙齒
- 唾液腺・食道・胃
- 腸・肝臟・胰臟

進行物理性和化學性消化、吸收營養。

淋巴系統
- 淋巴結・淋巴管
- 白血球

負責體液引流、輸送營養物質、收集廢物、修復和防禦人體。

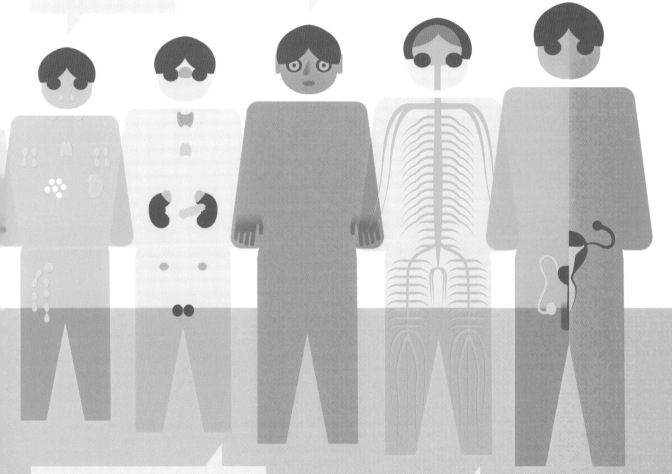

免疫系統
- 白血球 • 脾臟
- 淋巴結 • 其他腺體

負責人體對微生物及其他入侵者、癌症和其他疾病的防禦。

感覺系統
- 眼睛 • 耳朵 • 鼻子 • 舌頭
- 皮膚 • 內在感官部位

感知周圍環境（看、聽、聞）、軀體位置與移動，以及肌張力、關節位置、體溫等內部狀態。

生殖系統
女性：卵巢 • 輸卵管 • 子宮 • 陰道 • 相關的導管和腺體
男性：睪丸 • 陰莖 • 相關的導管和腺體

負責生育後代。這是區分女性和男性的唯一系統，也是對於生存而言唯一非必要的系統。

內分泌系統
分泌激素的（內分泌）腺體，如腦下垂體、甲狀腺、胸腺、腎上腺

產生化學激素，用以與其他器官溝通並協調生長、消化、體液水平、恐懼反應和許多其他反應。

神經系統
- 腦 • 脊髓 • 神經

收集和處理訊息、想法、決定、記憶、情緒，以及控制肌肉與腺體的活動。

由部分構成整體

劃分人體的方法有很多種。若按照扮演的角色或功能來分，有系統、器官、組織、細胞和它們的生化過程，或者說生理部分。從解剖或結構的角度來看，也包含器官和組織，其中最大的是皮膚（及其脂肪層或皮下層）和肝臟。另一種基於解剖學的方法是按照區域劃分——頭部、軀幹（包含腹部和胸部）、四肢及其各個分節。

%

40

15

14

2
2
1.5
1.2

	佔體重 %	在一個75公斤 人體中的質量（克）
肌肉	40	30,000
皮膚（所有皮層）	15	11,200
骨	14	10,500
肝	2	1,550
腦	2	1,400
大腸	1.5	1,100
小腸	1.2	900
右肺	0.6	450
左肺	0.5	400
心	0.5	350
脾	0.18	140
左腎	0.18	140
右腎	0.17	130
胰腺	0.13	100
膀胱	0.1	75
甲狀腺	0.05	35
子宮（女性）	0.08	60
前列腺（男性）	0.03	20
睪丸（男性）	0.03	20

估算 身體的尺寸

英國丈量人體服飾尺寸的傳統方法（英寸）。

帽子
以頭部最寬部分（眉毛以上）的圓周長除以3.15。

手套
測量最寬的部位（指關節處）。

衣領
頸部最寬部位的周長再加上1/2英寸。

袖長
從頸背正中到肩部，再從肩部到手腕骨處。

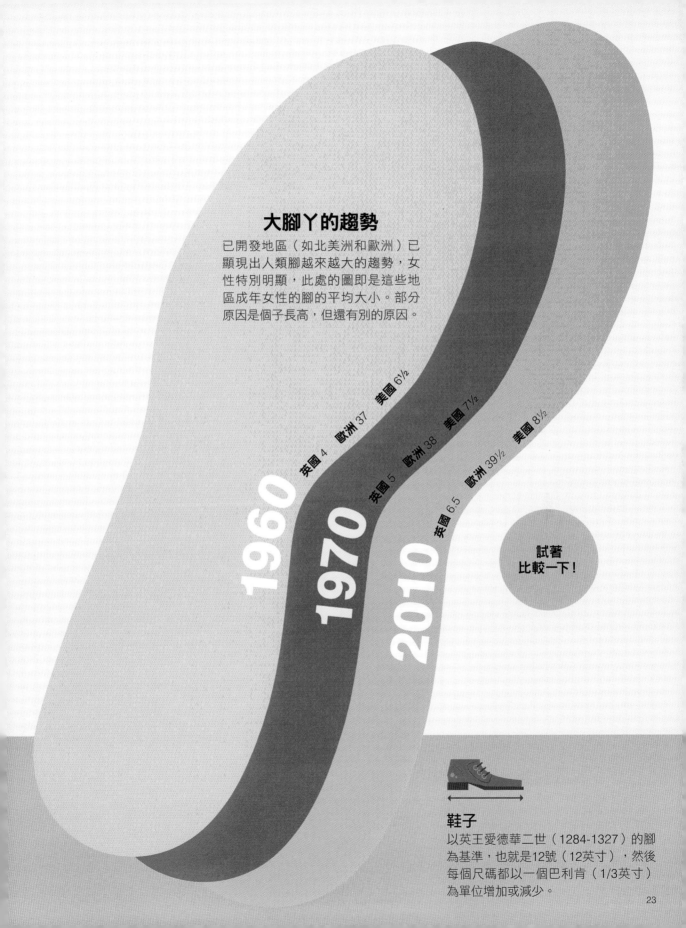

大腳丫的趨勢

已開發地區（如北美洲和歐洲）已顯現出人類腳越來越大的趨勢，女性特別明顯，此處的圖即是這些地區成年女性的腳的平均大小。部分原因是個子長高，但還有別的原因。

1960　英國 4　歐洲 37　美國 6½

1970　英國 5　歐洲 38　美國 7½

2010　英國 6.5　歐洲 39½　美國 8½

試著
比較一下！

鞋子

以英王愛德華二世（1284-1327）的腳為基準，也就是12號（12英寸），然後每個尺碼都以一個巴利肯（1/3英寸）為單位增加或減少。

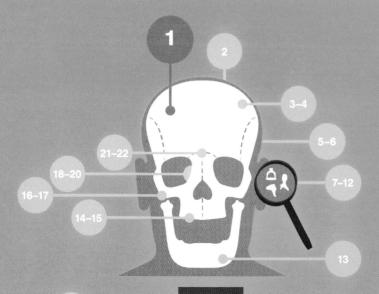

人體有

206

塊骨頭（一般情況下）

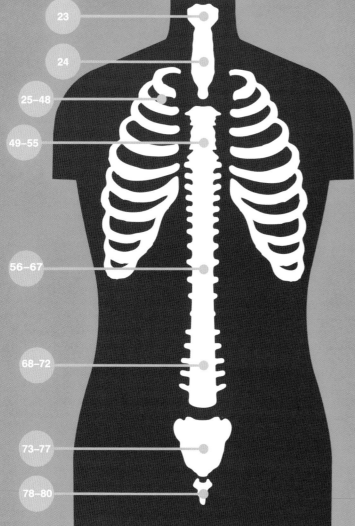

光禿禿的骨頭

在子宮內的早期發育過程中，骨骼最初以軟骨的形式形成；漸漸地這些軟骨開始骨化（變硬），或由造骨的原料填充，在嬰兒時期，實際的骨骼數量會達到300塊以上。然後，一些骨骼會在成長的過程中，相互連接或融合，尤其是顱骨上的骨骼，所以骨骼總數最後又會變少。

骨骼的遺傳和發育也有變化。大約每120人中，就有一人會多長兩根肋骨，也就是有13對肋骨，而不是12對；大約每25個人中，有一人的骨頭會發生「薦椎腰椎化」，亦即除了正常的5塊腰椎，還多了第6塊腰椎；然而，這額外的一塊腰椎是從下方的薦骨「借來」的，是一塊未與薦骨合併、能夠移動的脊椎，所以合併形成薦骨的薦椎總共是4塊，而不是5塊。不僅如此，大約每100人中，就有一個人的手指、腳趾及其骨骼數目會產生變異。於是，我們偶爾可以看到，有些人的手、腳上有額外的骨頭……

80 塊中軸骨

由4個部分組成：
顱、面部、脊柱和胸腔

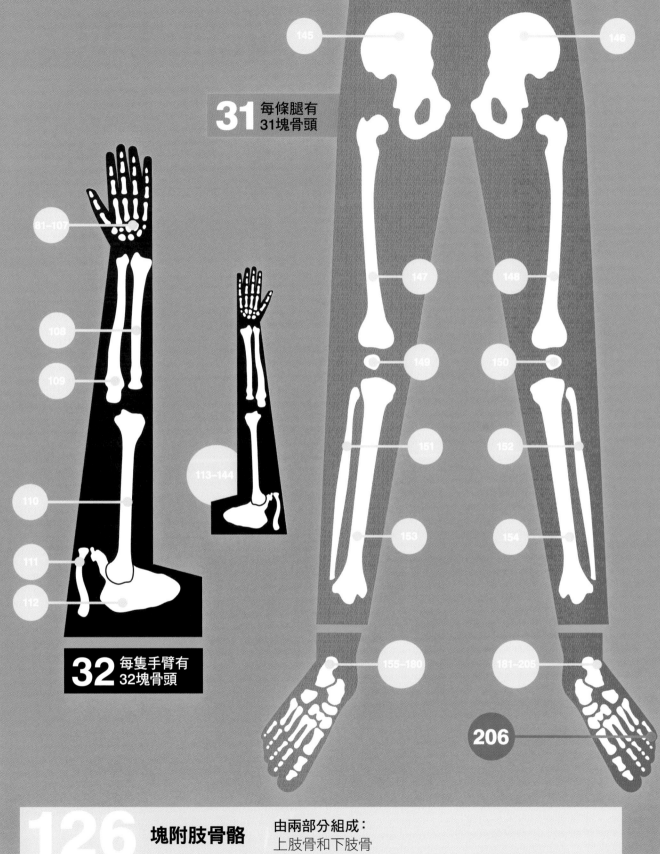

31 每條腿有
31塊骨頭

32 每隻手臂有
32塊骨頭

126 塊附肢骨骼

由兩部分組成：
上肢骨和下肢骨

牙齒很重要

身體沒有任何一部分像覆蓋在牙齒上的琺瑯質那麼堅固。琺瑯質之下是牙本質，也很堅硬、耐磨。牙骨質是另一種堅固耐磨的材料，它有一種「生物膠」的成份，可以把每顆牙齒固定在顎骨的齒槽裡。如果所有的恆齒都長出來、也沒有脫落的話，整副牙齒會有32顆，將近一生中都會發揮作用，負責咬、咀嚼、磨、啃，以及露齒微笑。

6–10
正中門齒（下顎）

8–12
正中門齒（上顎）

成人牙齒

32：
- 8 個門齒
- 4 個犬齒
- 8 個前臼齒
- 12 個大臼齒

小兒牙齒

20：
- 個門齒
- 個犬齒
- 個前臼齒
- 8 個大臼齒

9–13
側門齒

牙齒	年齡
正中門齒	7–8
側門齒	8–9
犬齒	11–12
第一前臼齒	10–11
第二前臼齒	11–12
第一大臼齒	6–7
第二大臼齒	12–13
第三大臼齒	17–21

上排牙齒

萌發年齡

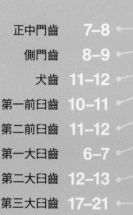

10–15
側門齒

12–20
第一大臼齒

牙齒	年齡
第三大臼齒	17–21
第二大臼齒	11–13
第一大臼齒	6–7
第二前臼齒	11–12
第一前臼齒	10–11
犬齒	9–10
側門齒	7–8
正中門齒	6–7

下排牙齒

16–25
犬齒

24–36
第二大臼齒

萌發月齡

牙根有多少個？

門齒、犬齒、大部分前臼齒

上排（上頜）的第一前臼
齒、下排（下頜）的大臼齒

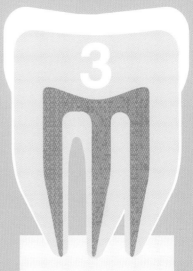

上排（上頜）的大臼齒

智齒

智齒就是四顆第三臼齒，在下巴兩邊的後側各有一顆。它們通常是突然就長了，而且是到了人類17至21歲之間，成為一個「有智慧的」成人時才長。但是，智齒生長的狀況變化很大，有些可能根本不會形成，有些就算形成了，但並沒有長出來，也可能是突然就長出來，或是長歪了，進而壓迫、影響相鄰的牙齒。

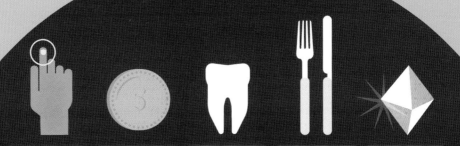

2.5	3	5	5.5	10
手指甲	銅板	琺瑯質	鋼鐵	鑽石

牙齒有多硬？

測量「硬度」的方法很多種。其中用於測量礦物硬度的方法是莫氏硬度表，是透過用一物在另一物上刮擦，根據刮痕的深度來顯示硬度，共分十級。

各種長度

管狀器官占了人體體重的六分之一。血液系統、淋巴系統、消化系統和泌尿系統基本上是含有液體的管道網絡，它們的直徑有的比一個拇指還大，有的僅僅是頭髮的十分之一。這些不同的管道彎曲、折疊、盤繞著，以適應人體的構造，其複雜性和緊密性令人難以置信。但是，假如解開這些彎曲盤繞，把它們拉直並首尾相接，其驚人的長度則會令人訝異不已。

消化系統：

口腔＋喉部＋食道＋胃＋小腸＋升結腸＋橫結腸＋降結腸＋乙狀結腸＋直腸＋肛門

9.5
公尺

9.5公尺

泌尿系統
腎臟中的腎小管（過濾單元）

50 公里

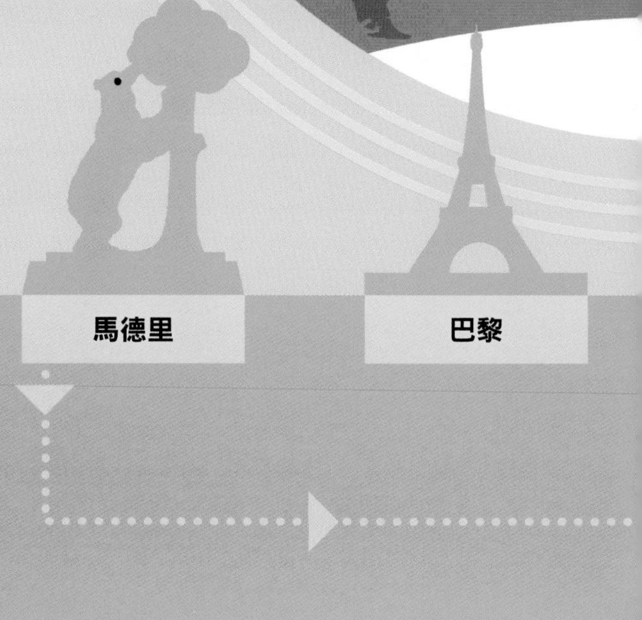

大峽谷 ← 29公里 → 馬德里　　巴黎

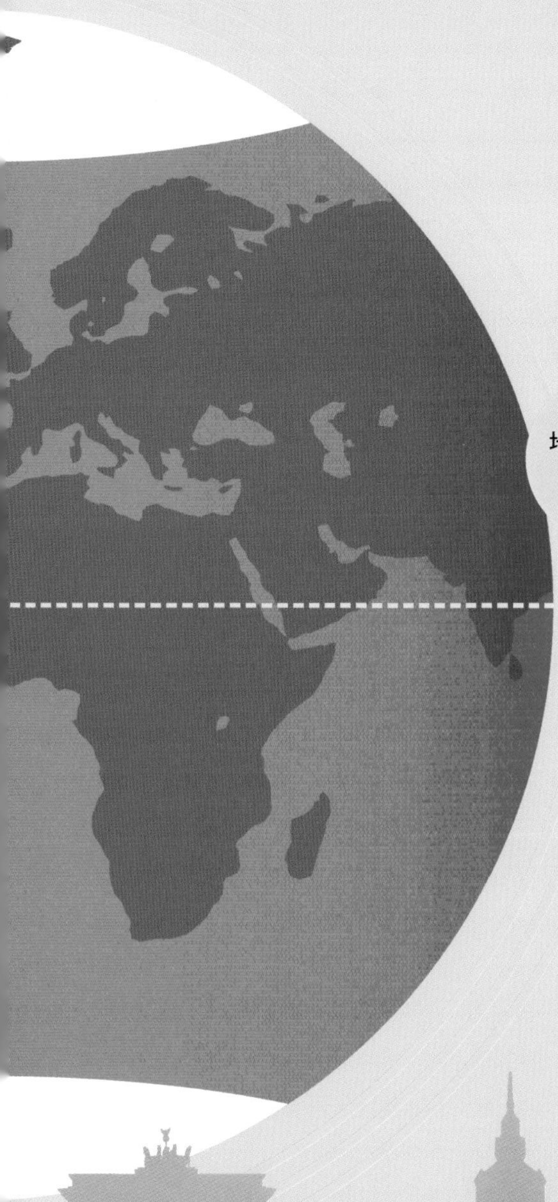

心血管系統

微血管	**50,000**
小動脈和小靜脈	**49,000**
中動脈、中靜脈和大動脈、大靜脈	**1,000**

100,000公里

地球周長的2.5倍！

淋巴系統

每個區域的淋巴結的平均數量：

腹部：**260**　頸部：**150**　鼠蹊部：**40**　腋窩：**40**

400–700

柏林	華沙	明斯克	莫斯科

淋巴結和淋巴管的總長度（公里）　　**4,000**

肌肉之最

眼外肌
位於眼球左右兩側和後方，使眼球旋轉與轉動。

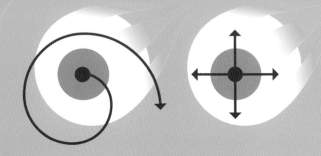

最長的肌肉

縫匠肌
越過大腿前方，使大腿彎曲和舉起。

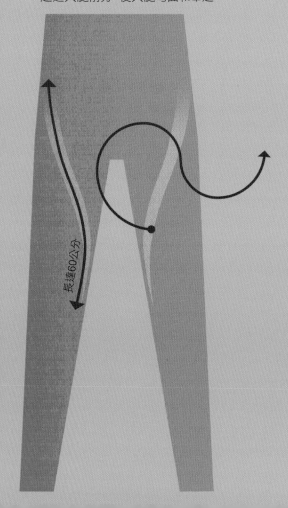

長達60公分

肌肉名稱的含義

肌肉約占全身重量的五分之二。實際上，從額頭上的枕額肌，到位於腳底的足底內在肌，共有640多塊肌肉，覆蓋著幾乎人體的每個部位。

肌肉的一個特點就是它們的名字又長又複雜。按解剖上的慣例，這些名稱根據肌肉位於前面（前部、腹部）、背面（後面、背部）等位置而有所不同；有時，也可能根據肌肉所附著的骨頭、與之並行的神經、附近的一個主要器官來命名；或者，命名來源也可能是它們所影響到的動作，例如屈肌使之彎曲、伸肌使之伸直等等。還有一種命名方式是肌肉的形狀，例如肩部的三角肌近似三角形（像河的三角洲或是希臘字母△）。事實上，除了一些不太走運的肌肉之外，以上這些因素幾乎都是它們名字很長的緣由。

最柔韌的肌肉

舌上縱肌
在舌頭（共有12塊複雜的肌肉）的上表面，有利於舌頭進行各種動作。

同等大小最強壯的肌肉

嚼肌
在臉和頭的兩側。用於咬和咀嚼。

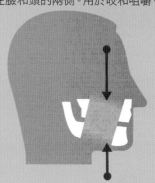

最長的肌肉名字

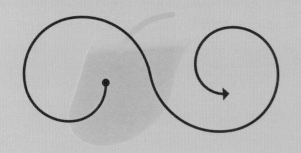

levator	labii superior	s alaeque na i
抬起	上唇	並使鼻的下側外傾

E L V I S

正式名稱為「提上唇鼻翼肌」，英文簡稱「艾維斯肌」，這個命名源於「貓王」艾維斯·普里斯萊的著名笑容。

最小的肌肉

鐙骨肌
位於內耳裡，用以抑制過度噪音所引起的震動。

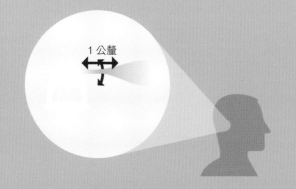

1 公釐

最大的肌肉

臀大肌
構成臀部的大部分。能夠牽拉大腿向後，使人行走、跳躍、跑動。

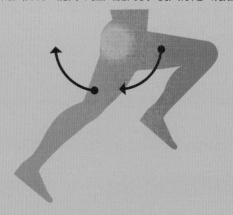

肌肉的用力

人體的肌肉就它們的大小與重量而言,是非常有力的,但是要測量人的力量、體力和肌力卻不是那麼容易。一塊肌肉的收縮,取決於它的基本狀態(特別是有無規律、健康地運動到這塊肌肉)、收縮速度和參與收縮的肌纖維數目(取決於控制神經訊號)、肌肉是已經部分收縮還是完全鬆弛、如果肌肉已處於用力的狀態可能會疲勞……等等許多其他因素。

彙聚所有力量

據估計,如果人體所有肌肉都只作用於一個拉力,可以舉起20噸重的東西,大概有3頭非洲象那麼重。

基本力量

一塊橫斷面為一平方公分的肌肉,最大力量為40牛頓——足以舉起4公斤重的物體。

一些比較

輸出功率,W(瓦,用於下方的老鼠)或者kW(1000瓦,用於其他)/功率重量比,W/kg(每公斤瓦數)

0.2 / 5

1–1.5 / 3.5

10 / 20

100 / 60

肌肉裡面的裡面的裡面

例如：肱二頭肌（上臂）
鬆弛時長度：250公釐
收縮時最大直徑處面積：65平方公分

理論上

一塊最大橫斷面為65平方公分的肱二頭肌，理論上
可以舉起260公斤重的物體，相當於3到4個成年人
的重量。

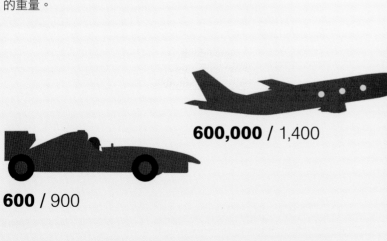

600,000 / 1,400

600 / 900

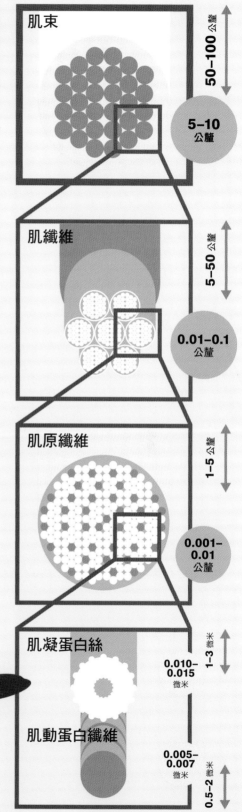

肌束

50–100 公釐

5–10
公釐

肌纖維

5–50 公釐

0.01–0.1
公釐

肌原纖維

1–5 公釐

0.001–
0.01
公釐

肌凝蛋白絲

1–3 微米

0.010–
0.015
微米

肌動蛋白纖維

0.005–
0.007
微米

0.5–2 微米

33

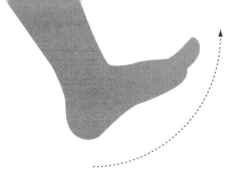

滑不滑？

在有潤滑[1]的情況下，兩種材質接觸的滑動摩擦係數：

0.003 軟骨＋關節液
0.005 冰刀＋冰
0.02 冰＋冰
0.02 BAM＋BAM[2]
0.04 PTFE＋PTFE[3]
0.05 雪橇＋雪
0.2 鋼＋銅
0.5 鋼＋鋁
0.8 橡膠＋混凝土

註1：運動時的滑動阻抗。
註2：硼鋁鎂，最滑的人造固體之一。
註3：聚四氟乙烯，品牌包括鐵氟龍。

骨縫（固定的）

大多數顱骨、顏面骨關節

杵臼關節

肱骨　肩胛骨

200

墊圈狀的

椎骨

椎骨

椎骨

杵臼關節

股骨

骨盆

190

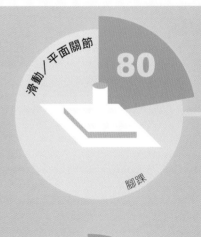

滑動／平面關節

80

腳踝

關節處的連接

人體骨架中的關節有170到400個，確切的數量取決於關節的定義——無論是否有3塊骨頭連在一起，每塊骨頭和其他骨頭至少都會互相接觸到，而會有一個、兩個或3個關節。這些複雜的結構一直以來都運作得很好，因為骨頭前端覆蓋了一層軟墊狀、滑滑的軟骨，並有超級潤滑的關節液加以潤滑。另外，還有一個牢固的袋狀囊包裹著關節，還有具有彈性的韌帶連接著骨頭，讓關節既可以動作，又能防止骨端分離造成關節脫臼。脫臼非常痛，一旦經歷過就很難以忘記。

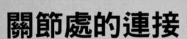
顯示的是年輕人關節的靈活度。

髁狀關節

140

腳趾

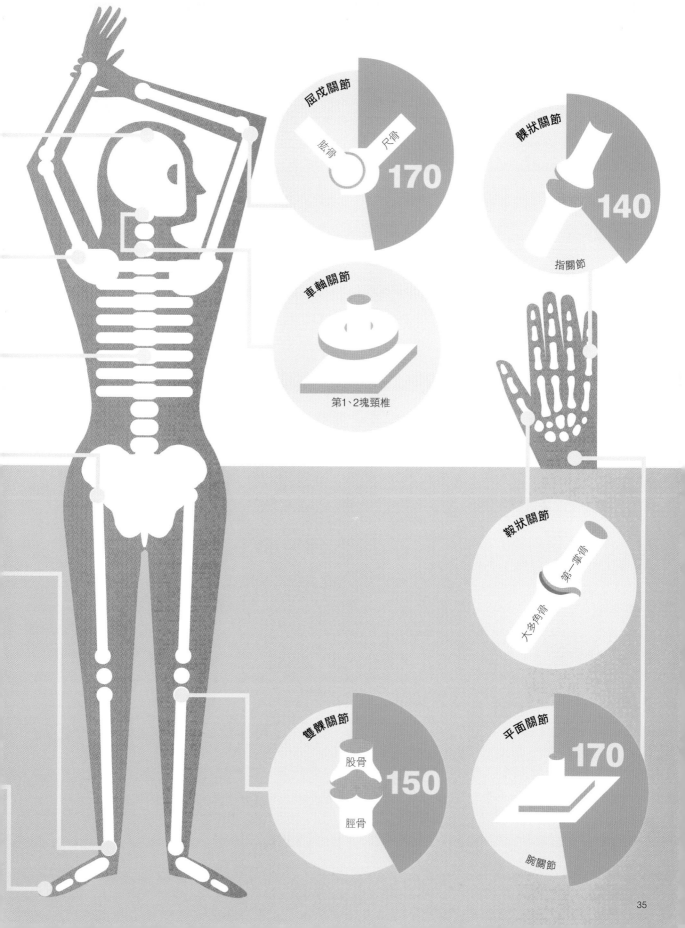

屈戍關節
肱骨
尺骨
170

髁狀關節
140
指關節

車軸關節
第1、2塊頸椎

鞍狀關節
第一掌骨
大多角骨

雙髁關節
股骨
脛骨
150

平面關節
170
腕關節

35

關於呼吸

深呼吸。吸氣再多一些，然後再多，繼續下去……不過，即使是吸氣到最多的程度，也不可能填滿肺部。呼吸過程和身體呼吸作用（而非細胞呼吸作用）的目的，是把新鮮空氣吸進肺裡。在肺中，氧氣進入血流，接著繼續進入下一個系統，即心血管系統，以輸送到全身。呼吸的第二個目的是排出廢物二氧化碳（由細胞呼吸作用產生），二氧化碳濃度只要超過正常值的10%～20%，就會導致氣喘、頭暈，甚至昏迷。呼吸的第三個目的，是讓人能夠說話和發出其他聲音。因此，呼吸道、肺和胸部肌肉一直在呼吸，吸進去、呼出來，每年大約要進行800萬到1000萬次。

810 公尺

一生中所呼吸的空氣總量（公升）

280,000,000

劇烈打噴嚏時，從鼻孔噴出的氣流速度可達到每秒20公尺或每小時72公里。

4–6億
個肺泡（微小的氣囊）

2,500
公里長的支氣管、細支氣管的管道

1,000
公里長的微血管（細小的血管）

吸入氣體的百分比（％）

氮氣 **78**

氧氣 **21**

其他氣體少於 **1**

二氧化碳 **0.3**

水蒸氣（不固定）

靜止時的呼吸頻率

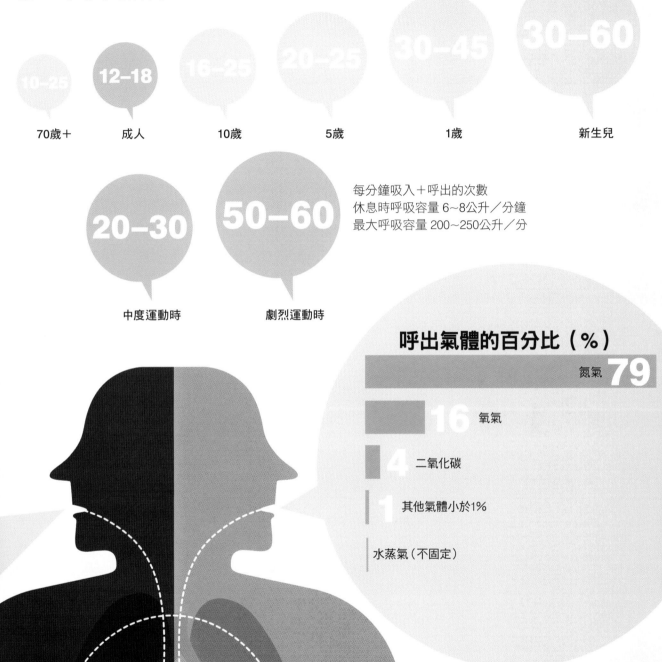

10-25　70歲＋

12-18　成人

16-25　10歲

20-25　5歲

30-45　1歲

30-60　新生兒

20-30　中度運動時

50-60　劇烈運動時

每分鐘吸入＋呼出的次數
休息時呼吸容量 6~8公升／分鐘
最大呼吸容量 200~250公升／分

呼出氣體的百分比（％）

氮氣 79

16　氧氣

4　二氧化碳

1　其他氣體小於1%

水蒸氣（不固定）

維持生命的心跳

心臟（一個看似簡單的雙泵袋狀肌肉）在人的一生中，跳動次數達30億次，甚至更多。如果它停止跳動，生命也就停止了（除非能立即獲得關鍵的醫療救助）。實際上，心臟和它的血液系統是非常複雜的。即使沒有身體，心臟本身的收縮頻率也達60～100次／分鐘，這是因為它有自己的一套天然節律器。來自身體的影響（主要是大腦的迷走神經訊號，以及如腎上腺素等激素）會改變這種頻率，同時也會改變每次搏動的容積和力量，以因應身體大量的各種需求。

不同人群的靜止心率（次／分鐘）

120 新生兒

90 1歲

80 10歲

60-80 成年人

40-60 運動員

58-80 70歲以上

能量
每一天心肌產生的運動能量，足以讓卡車開30公里。

靜止時
心臟用血液填滿一個澡盆需要30分鐘，填滿一個奧運會的游泳池需要5年。

頸動脈
頸部

心率
每次心臟跳動時，高壓血流會沿著動脈血管向四周輸送過去。

最容易感覺到脈搏的部位，就是剛好在皮膚下方、其後有較硬組織的動脈。通常是在手腕的橈動脈處，位於拇指根部往下一點的位置。

肱動脈
在手肘窩裡面

橈動脈
腕部

股動脈
鼠蹊

膕動脈
膝部後方

足背動脈
腳背

後脛動脈
踝關節

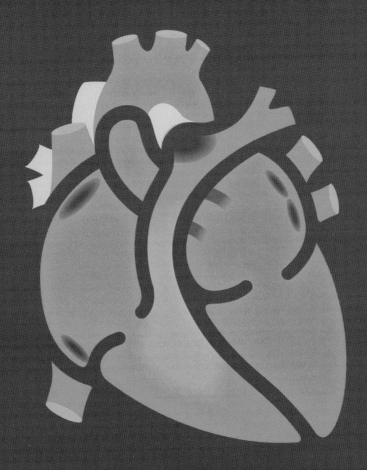

心臟的大小
約為一個人握緊的拳頭大小

350

平均重量（公克）

壓力之下

身體幾乎每一個部分*（包含體內的每個細胞）都依賴流動的血液帶來氧氣和養分、帶走二氧化碳和其他廢物。心臟跳動產生了血流，過程可分為兩個階段。在舒張期，心臟的肌肉壁舒張，在低血壓的情況下，血液從靜脈回流，心臟隨之增大。靜脈（寬、軟、薄壁的通道）讓血液從最小的血管（即微血管）回流到心臟中。半秒鐘之後，就進入了收縮期：在此期間，心肌繃緊並收縮，迫使血液在高壓下沖出心臟、沖入厚壁的肌肉型動脈，這種動脈會分支出去，最終形成微血管。這裡所說的壓力是全身各個系統中最高的壓力，透過分布在血管分支網絡中的壓力波動運行，讓血管鼓起。（*人體中沒有直接血液供應的部位很少，比如眼角膜和水晶體；假使它們有直接血液供應，那我們看到的世界就會被一張紅色的網給遮住。）

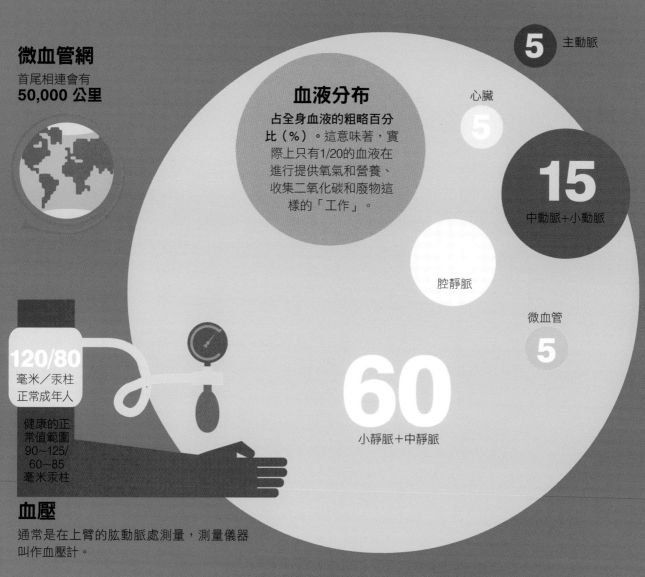

微血管網

首尾相連會有
50,000 公里

血液分布

占全身血液的粗略百分比（%）。這意味著，實際上只有1/20的血液在進行提供氧氣和營養、收集二氧化碳和廢物這樣的「工作」。

5 主動脈

心臟
5

15
中動脈+小動脈

腔靜脈

微血管
5

60
小靜脈+中靜脈

120/80
毫米／汞柱
正常成年人

健康的正常值範圍
90~125/
60~85
毫米汞柱

血壓

通常是在上臂的肱動脈處測量，測量儀器叫作血壓計。

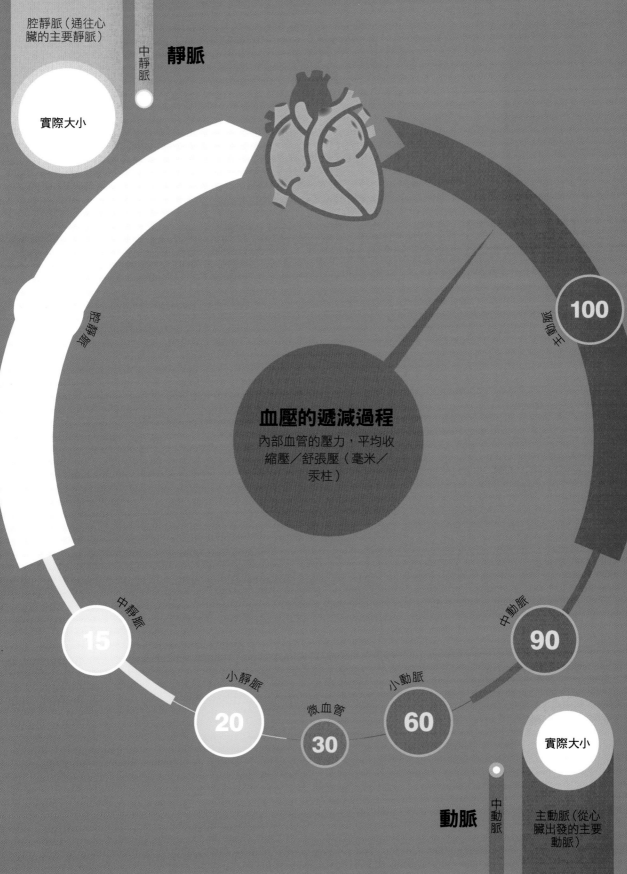

腔靜脈（通往心臟的主要靜脈）

中靜脈

靜脈

實際大小

大靜脈

血壓的遞減過程
內部血管的壓力，平均收縮壓／舒張壓（毫米／汞柱）

主動脈

100

中靜脈

15

中動脈

90

小靜脈

20

微血管

30

小動脈

60

實際大小

中動脈

主動脈（從心臟出發的主要動脈）

動脈

是什麼造就了冠軍人物？

能夠奪得冠軍的運動員的身體組合很複雜，而且還有許多不同的因素影響，包括：訓練的機會；教練、營養學家、生理學家等專家的素質；以及設備、地點和其他設施。另外，心理因素也影響重大，例如：自我激勵、勤奮不懈、要贏的意志；不僅如此，家人和朋友的支持也發揮著重要作用。不過，最重要的也許是一個人的基因：你的身體構造也許會讓你比較適合參加某項體育運動，而不是另一項運動。

170
高度（公分）

50–55
體重（公斤）

15 比其他相同身高的人要輕15％

增加的心室容積

較短的軀幹

較修長的四肢

不那麼發達的股四頭肌、臀肌、小腿肌

較大的肌肉纖維羽狀角度

較長的腿

較低的肌肉質量、不明顯的線條

適中的關節靈活度

65–75

收縮時的肌肉比較
比賽進行時，男性和女性體內的快縮肌纖維、慢縮肌纖維的百分比（％）

100
♂ 20–50 50–80
♀ 25–30 70–75

800
♂ 35–60 40–65
♀ 45–70 30–55

10,000
♂ 55–75 25–45
♀ 50–75 25–50

比賽時的心率，最大值的百分比（％）

耐力型運動員
非常瘦（幾乎零脂肪）

收縮的肌肉

大多數人的大部分肌肉含有兩種纖維。慢縮肌纖維（I型）收縮緩慢，產生的動力較少，但是可以長時間工作而不疲勞。快縮肌纖維（II型）收縮迅速，能產生短時間的爆發力或爆發速度，但是很快就會疲勞。不同類型的訓練可以促進現有纖維的生長，將強度提升到最大，從而改變它們對運動的相對作用。較緩和的運動能促進慢縮肌纖維的發展，較劇烈的運動則促進快縮肌纖維的發展。快縮肌纖維和慢縮肌纖維的平衡是由基因決定的，「強壯」版本的ACTN3基因能夠增加快縮肌纖維的比例。

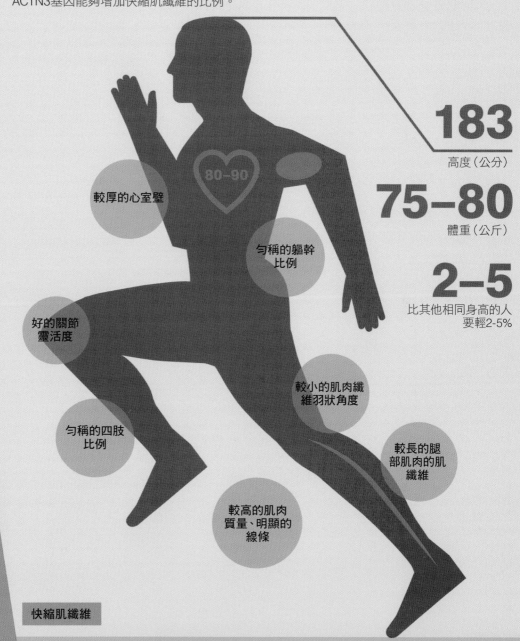

183
高度（公分）

75-80
體重（公斤）

2-5
比其他相同身高的人
要輕2-5%

較厚的心室壁

80-90

勻稱的軀幹
比例

好的關節
靈活度

較小的肌肉纖
維羽狀角度

勻稱的四肢
比例

較長的腿
部肌肉的肌
纖維

較高的肌肉
質量、明顯的
線條

慢縮肌纖維

快縮肌纖維

短跑運動員

瘦（脂肪含量很少）

更快、更高、更強

現代奧運是自1896年拉開序幕。在1924年，Citius、Altius、Fortius（「更快、更高、更強」）成了它的官方口號。這句口號稱頌了奧運在古希臘首次舉辦以來，人類的運動和其他技能是如何達到巔峰，並且獲得全世界的認可。奧運中的20多項體育運動採用了世界標準來評定人身體的力量，自那時以後，在速度、高度和強度方面，奧運贏家的身體都不斷進步。然而，在這方面是有很多因素發揮作用，例如飲食、衛生、大眾健康狀況持續穩定進步，還有專業技能、訓練、培訓和設備也不斷改善。1930年代末和1940年代初，奧運因為戰爭而中斷。1950、1960年代，則出現相當多濫用類固醇等藥物的爭議事件。此外在某項運動技能上，技術偶爾會出現大躍進的重大改變，比如在1968年奧運，跳高項目出現了「背向式跳高」。如今，我們仍會根據奧運，來衡量人體運動可以達到怎樣的極限。

奧林匹克 100公尺短跑項目　只選擇破紀錄的時間（秒）

10.8 *1900*　10.6 *1924*　10.6 *1928*　12.2 *1928*　11.9 *1932*　10.3 *1948*　11.9 *1948*　10.2 *1960*　11.3 *1960*　9.92 *1988*　10.62 *1988*

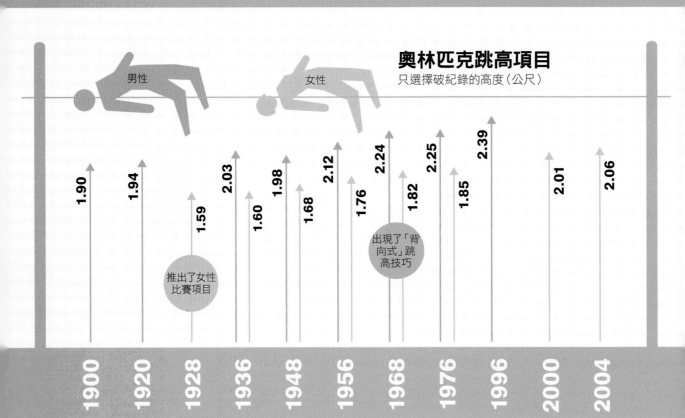

奧林匹克跳高項目　只選擇破紀錄的高度（公尺）

男性　女性

1.90　1.94　1.59　2.03　1.60　1.98　1.68　2.12　1.76　2.24　1.82　2.25　1.85　2.39　2.01　2.06

推出了女性比賽項目

出現了「背向式」跳高技巧

1900　1920　1928　1936　1948　1956　1968　1976　1996　2000　2004

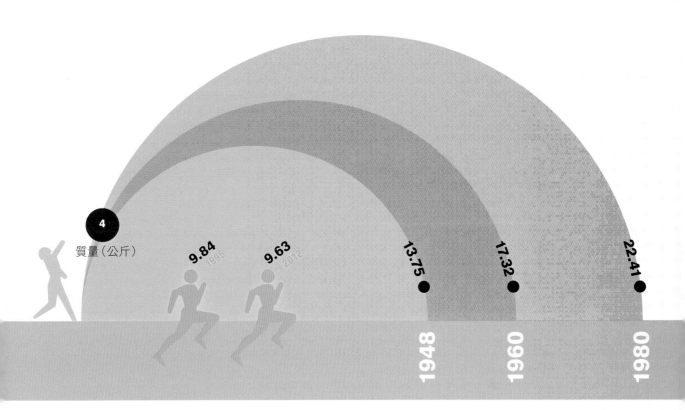

質量（公斤）

4

9.84 *1996*

9.63 *2012*

13.75 ● **1948**

17.32 ● **1960**

22.41 ● **1980**

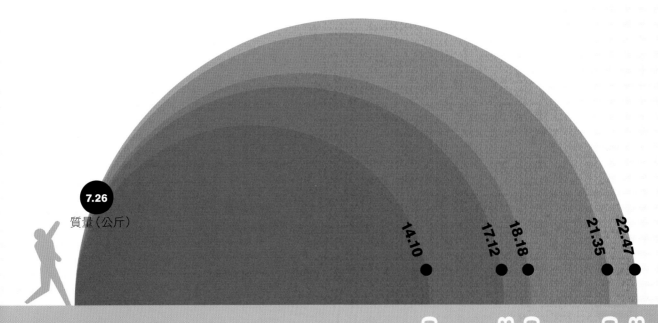

質量（公斤）

7.26

14.10 ● **1900**

17.12 ● **1948**

18.18 ● **1960**

21.35 ● **1980**

22.47 ● **1998**

奧林匹克鉛球項目
只選擇破紀錄的距離（公尺）

人體的化學屬性
CHEMICAL BODY

化學工廠

一切物質都是由原子組成的，人體也不例外。人體中含有大量的原子，存在著各種比例的純化學物質。這些物質要怎麼一一列出呢？一種方法是按照元素的質量（重量）百分比，加以一一列出。這種方式適合編排較重的元素，例如鐵，其原子質量幾乎是氫這種最輕元素的56倍。另一種方法是列出原子的數目，由於水（H_2O）占人體60%的重量，這種方法可以算出它的兩個元素（即氫和氧）的含量。所以，以重量來看，氫占人體的9%~10%，卻占原子數目的65%~70%。

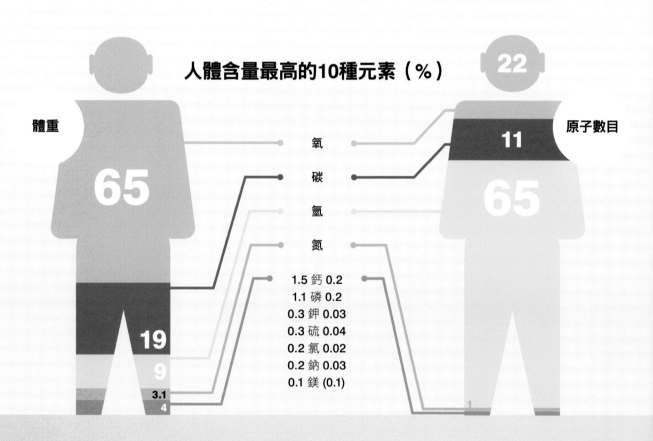

人體含量最高的10種元素（%）

體重

原子數目

氧
碳
氫
氮

1.5 鈣	0.2
1.1 磷	0.2
0.3 鉀	0.03
0.3 硫	0.04
0.2 氯	0.02
0.2 鈉	0.03
0.1 鎂	(0.1)

一個70公斤重的身軀有足夠的……

O 氧原子可以充滿

5 大罐氧氣瓶（45公斤）

Fe 鐵原子可以製造……

6 枚鋼製的迴紋針（3克）

N 氮原子可以生產……

10 袋花園堆肥（2公斤）

含量小於 0.1%的微量元素

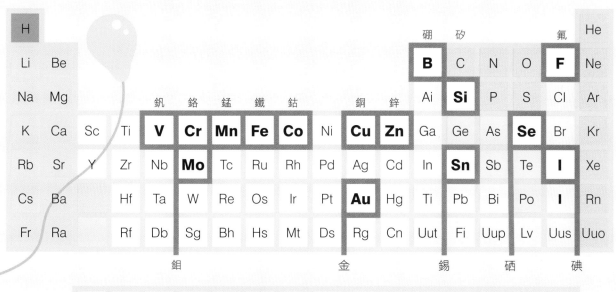

礦物質財產？

把一個人身體中所有的元素提取出來，在全球貿易市場中賣出去，大約能賺：

£3,000 英鎊

人體中含有金子！

一個人的身體中大約含有金0.2毫克，可以做成一個邊長為0.2公釐的金塊。

0.000,2 公克

H 氫原子可以充滿……

5,000

個派對用的氣球（6公斤）

C 碳原子可以生產……

10,000

枝石墨鉛筆的筆芯（13公斤）

P 磷原子可以製造……

20,000

個火柴頭（800公克）

很多水的身體

人體的大部分是水。身體中水的分布很廣，平均比例為三分之二，會根據每個人的健康狀況和環境而自然產生差異。例如，身體的脂肪比例較高的話，會降低身體的含水量，因為相對於其他的身體組織（例如骨骼），脂肪組織的含水量較少。即便如此，身體依然有很多水——以一個70公斤重的人來說，體內有超過45升的水，足以快速沖一次澡；3個人體內所含的水，足以讓你在一個相當大的浴缸裡泡澡。

讓水分留存在體內是不可能的。水分必須被排出體外，以便帶走已溶解的和可能有害的廢物，主要是透過尿液排出。每天大約3公升的水，就足以滿足日常所需；不過，如果是在炎熱的環境下、運動時、攝取了酒精之類的物質後，需要的水分會更多。

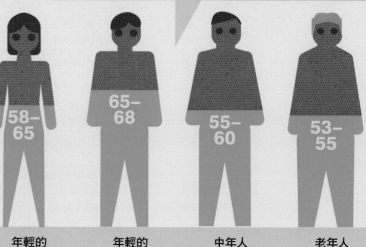

10 器官（如腸道、腦、眼）

10 血液（主要是血漿）

60 細胞內（細胞內液）

20 細胞周圍（間質）

非細胞內液（細胞外液）的比例（%）

在哪裡有水
生物學家會提到水的「隔間」。這不是指身體內部有整潔的櫃子或房間，而是指在數百萬個細胞、幾百個組織和幾十個器官的內部、之間及周圍，都積聚了很多水分。

不同年齡的平均含水量（按體重算）百分比（%）

75	**65**	**58–65**	**65–68**	**55–60**	**53–55**
新生兒	1歲	年輕的成年女性	年輕的成年男性	中年人	老年人（70歲以上）

每日水的更換量（毫升）

2,700

750
食物

300
代謝水[1]

1,650
飲水

器官和組織中的水
占體重的百分比（％），包括它們內部的體液，如血液、尿液。

器官	百分比
肺	85
血液	85
腎臟	80
肌肉	75
腦	75
脾臟	75
心臟	75
消化系統	70
肝臟	70
皮膚	65
骨骼	25
脂肪	10

200
糞便

1,700
尿液

800
皮膚、肺[2]

2,700

註1：在糖和類似的碳水化合物分解、釋放能量時，這個化學過程會產生一種天然副產品，也就是水。這有利於增加體內的水分含量。$C_6H_{12}O_6 + 6CO_2 > 6CO_2 + 6H_2O + 能量$，用文字表述就是：糖＋氧氣＞二氧化碳＋水＋能量。

註2：通常皮膚都會滲出少量的水，這稱為「隱性」發汗。另外，在呼出的氣體中，幾乎充滿了水蒸氣，這些水分是從肺和呼吸道潮溼的內壁上蒸發而來。

微量營養素

人體需要大量的營養物質，不過需要的分量遠小於碳水化合物、脂肪、蛋白質和膳食纖維……等主要的巨量營養素。多數「微量營養素」都是維生素和礦物質：維生素是使人體能順利運行的有機物質，大部分維生素要從食物中直接攝取，因為人體無法自行產生足夠的分量；礦物質是簡單的化學物質（比如鈉、鐵、鈣和錳），以及非金屬類或鹽類（如氯化物、氟化物和碘化物）。

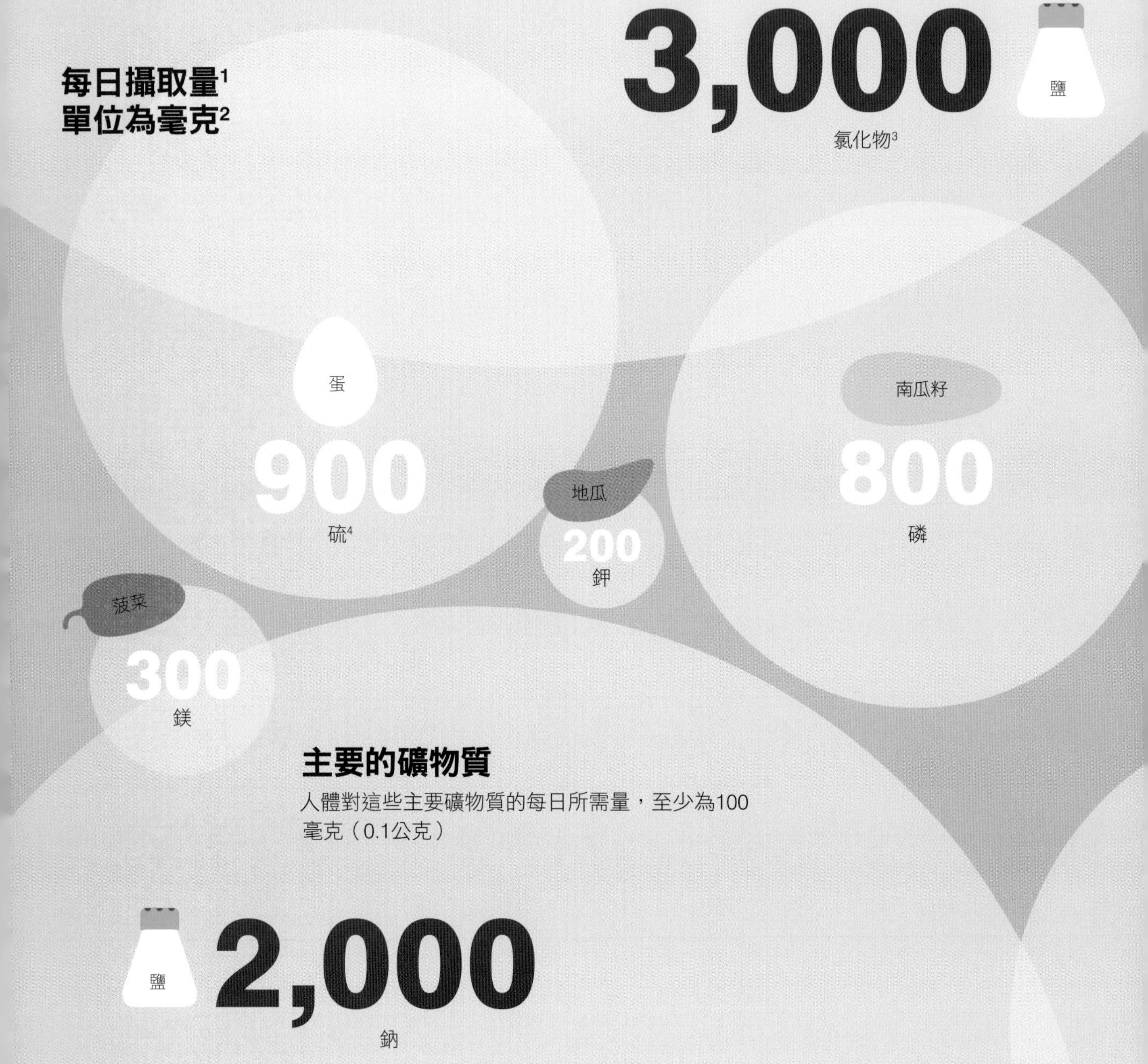

每日攝取量[1]
單位為毫克[2]

3,000

氯化物[3]

蛋

900

硫[4]

地瓜

200

鉀

南瓜籽

800

磷

菠菜

300

鎂

主要的礦物質

人體對這些主要礦物質的每日所需量，至少為100毫克（0.1公克）

2,000

鈉

15
B3 菸鹼酸

維生素

大部分維生素的每日所需量很少，
有時候只需要百萬分之幾克。

B5 泛酸 **5**

20
E 生育酚

75–90

C 抗壞血酸

A 視黃醇 **0.7–0.9**

1.5–1.7 B6吡哆醇

B2 核黃素 **1–1.3**

1–1.2 B1 硫胺素

維生素與礦物質
的相對比例

90 ➝

18 ➝

某些維生素的需要量更少：
400–600μg[5] B9/Bc/M 葉酸
90–120μg 維生素K1、維生素K2
30μg B7 生物素
10–15μg D 膽鈣化醇
2-2.5μg B12鈷胺素

18
鐵

氟化物 **4**

微量礦物質

這裡所列出的元素並不完整。要全部列
出來的話，恐怕還要寫好幾十頁。

2 錳

2 銅

鉬 •

• 碘化物

硒

• 鉻

15
鋅

牛奶

1,000
鈣

註1：國人膳食營養素每日參考攝取量（RDI）；另外還有許多相似的分類，例如：每日
　　　建議攝取量（RDA）、足夠攝取量（AI）。
註2：mg／毫克（1公克的 0.001或千分之一），除非另行標示。
註3：氯化鈉（食鹽）。
註4：硫並無官方RDI數據；分量是根據平均的健康攝取量而定。
註5：μg／微克（1公克的0.000001或百萬分之一；1毫克的 0.001或千分之一）。

巨量營養素

在每日食物標準攝取量中,巨量營養素建議攝取能夠提供8,700 kJ(千焦)或2,100kcal(大卡)的分量(分量單位為公克)。

300-310
碳水化合物

90
葡萄糖和其他糖

20–25
飽和脂肪酸

● 0.3 膽固醇

65–70
總脂肪

20–25
膳食纖維

45–55
總蛋白

你的器官和能量（%）

在一個活力十足的人體中，主要消耗能量的器官。

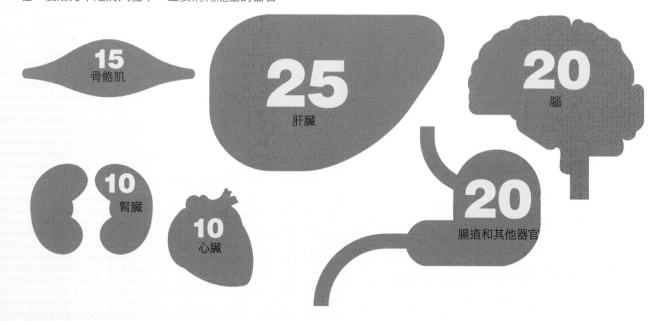

15 骨骼肌

25 肝臟

20 腦

10 腎臟

10 心臟

20 腸道和其他器官

代謝的奧秘

「代謝」一詞是比較簡便的泛稱，泛指人體每個細胞每天每分每秒進行的大量化學反應、變化和過程，其中，大部分作用都相互連結、相互依賴。如果要計算單獨進行的化學反應數量，數字很快就會從幾個變成幾百萬個，然後變成幾十億個，最後數目就無法計算了。不過，人們已經對新陳代謝的能量利用展開了深入研究，促進了主流生理學、運動飲食、極端環境下的應急儲備糧食配給……等多種領域的知識發展。

耗能百分比（%）

能量的用途（測量於相對放鬆的環境、舒適的體溫、空腹等條件）。

15 產生熱量

25 體能運動

60 基本代謝率，基本生命運作

不同生活方式所需的能量（千焦／天）

工作型態

1 久坐不動：大多是辦公室的工作。
2 輕度活動：店員、護理、送貨。
3 大量體力：建造、園藝／景觀活動、半專
　業或專業的體育運動。

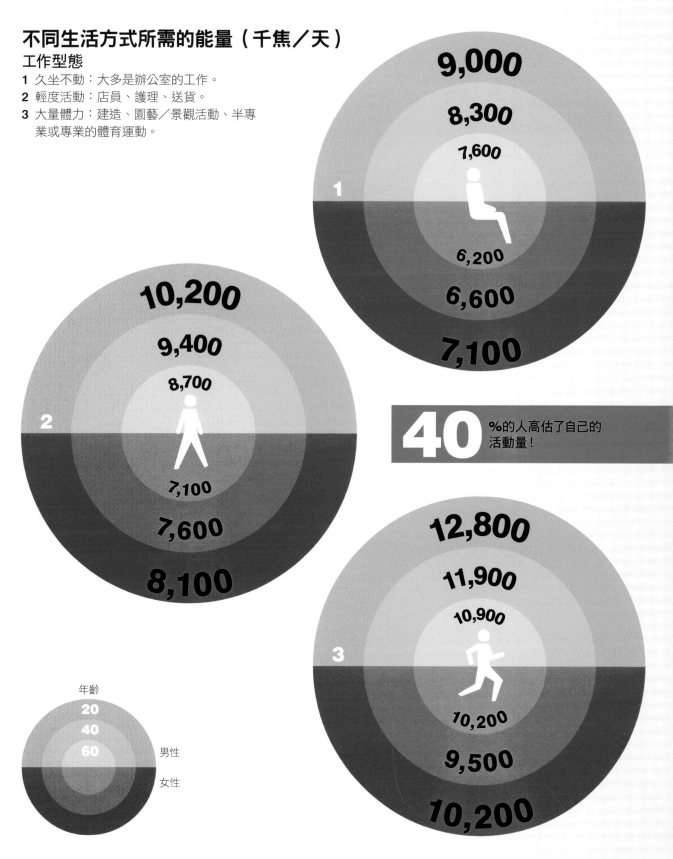

1
9,000
8,300
7,600
6,200
6,600
7,100

2
10,200
9,400
8,700
7,100
7,600
8,100

40%的人高估了自己的活動量！

3
12,800
11,900
10,900
10,200
9,500
10,200

年齡
20
40
60
男性
女性

能量的攝取和輸出

人體是一台能量轉換機。它攝入化學能量，以原子與分子之間數兆種連結的形式，貯存在食物和飲料中。經過無數的代謝過程，人體將這種能量轉換成其他形式，尤其是運動時的動能、發熱的熱能、神經信號的電能，以及如說話的聲能等各種形式的能量。

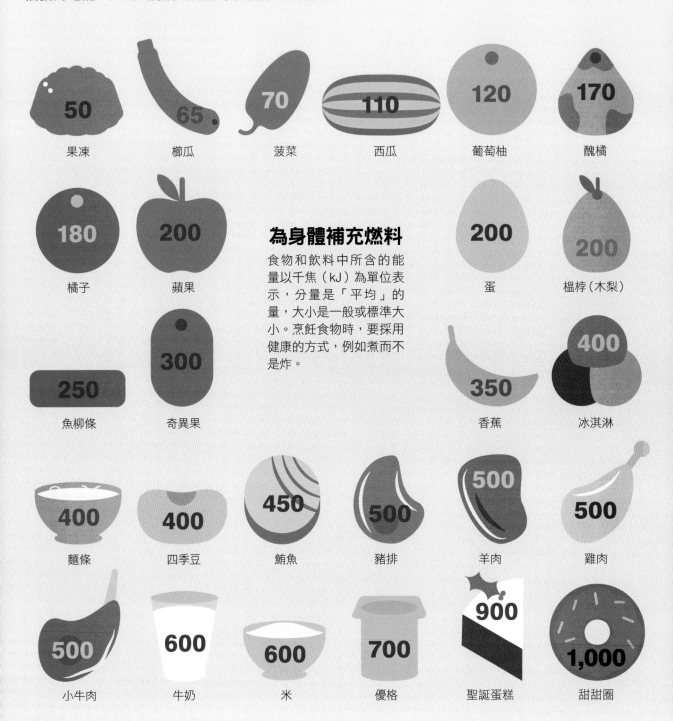

為身體補充燃料

食物和飲料中所含的能量以千焦（kJ）為單位表示，分量是「平均」的量，大小是一般或標準大小。烹飪食物時，要採用健康的方式，例如煮而不是炸。

50 果凍	65 櫛瓜	70 菠菜	110 西瓜	120 葡萄柚	170 醜橘
180 橘子	200 蘋果			200 蛋	200 榲桲（木梨）
250 魚柳條	300 奇異果			350 香蕉	400 冰淇淋
400 麵條	400 四季豆	450 鮪魚	500 豬排	500 羊肉	500 雞肉
500 小牛肉	600 牛奶	600 米	700 優格	900 聖誕蛋糕	1,000 甜甜圈

經過一段時間，假如人體攝取太多能量卻未能消耗，最終會被轉換成身體脂肪。消耗能量的多寡取決於體重、性別與年齡：體重較重者消耗較多；女性的消耗通常比男性少5%~10%；年齡越大，消耗也會降低。通常，在人體中，1公斤重的脂肪所含的能量足以讓人跑3~4次馬拉松。

睡著 2-15

清醒但不活動 3-6

熨燙衣物 8

瑜伽 10

走4公里／小時 14

慢節奏的社交舞 15

用吸塵器 15

溫和的有氧運動 18

不同運動的能量消耗

按照一般的運動程度，以65~75公斤重的男性為例，單位為千焦／分鐘（kJ/min）。
1千焦＝0.24卡路里／千卡
1卡路里＝4.18千焦

騎車10公里／小時 18

快節奏的社交舞 20

慢速爬樓梯 20

游泳25公尺／分鐘 23

走7公里／小時 25

劇烈的有氧運動 35

踢足球 40

騎車20公里／小時 41

跑步8公里／小時 42

快速爬樓梯 45

跑步10公里／小時 49

打網球 50

游泳50公尺／分鐘 54

打壁球 55

跑步15公里／小時 66

全速跑步 200+

食物分解的路線

除了吸入的氧氣外，人體中每一點一滴的能量都是從食物和飲料中獲取。取得這些能量是消化系統的任務，這個過程可說是一部有關分解和消亡的史詩故事。每口美味的食物經過咀嚼而變爛，沿著食道快速滑下去，由胃這個浴缸迎接（這裡盛著強酸和稱為酶的破壞性胃液）。經過胃之後，食物變成流淌著的糊狀物，叫作食糜，在小腸中被更多酶分解，成為夠小的分子，小到能被腸壁直接吸收到血液中。接下來是大腸，它的功能是吸收水分、某些維生素和其他養分，直到剩下的物質停在直腸，等待被排泄出去。

消化的區域

大部分營養物質的吸收部位在小腸。小腸的特點是，與簡單的管道相比，腸道內壁的表面積會接連地增加（如下所示，單位為平方公尺）。

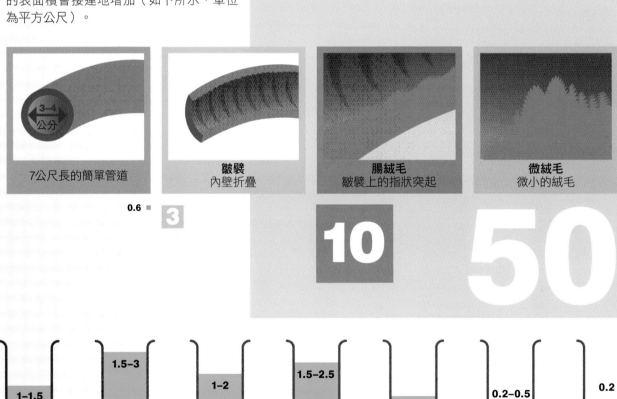

7公尺長的簡單管道	皺襞 內壁折疊	腸絨毛 皺襞上的指狀突起	微絨毛 微小的絨毛
0.6	3	10	50

每天生成的消化液（升）

唾液	胃	小腸	胰臟	肝臟（膽汁）	大腸	
1–1.5	1.5–3	1–2	1.5–2.5	1	0.2–0.5	0.2

約95%再吸收，意味著只有極少的水分從糞便中流失

消化過程中，會產生大量以水為基礎的消化液，在大腸中則會再次吸收大部分的水。這樣，我們就不需要每天喝10多升的水了！

註1：假定是健康、徹底的咀嚼。
註2：與碳水化合物和蛋白質相比，胃需要一兩個小時或更長的時間來消化高脂食物。

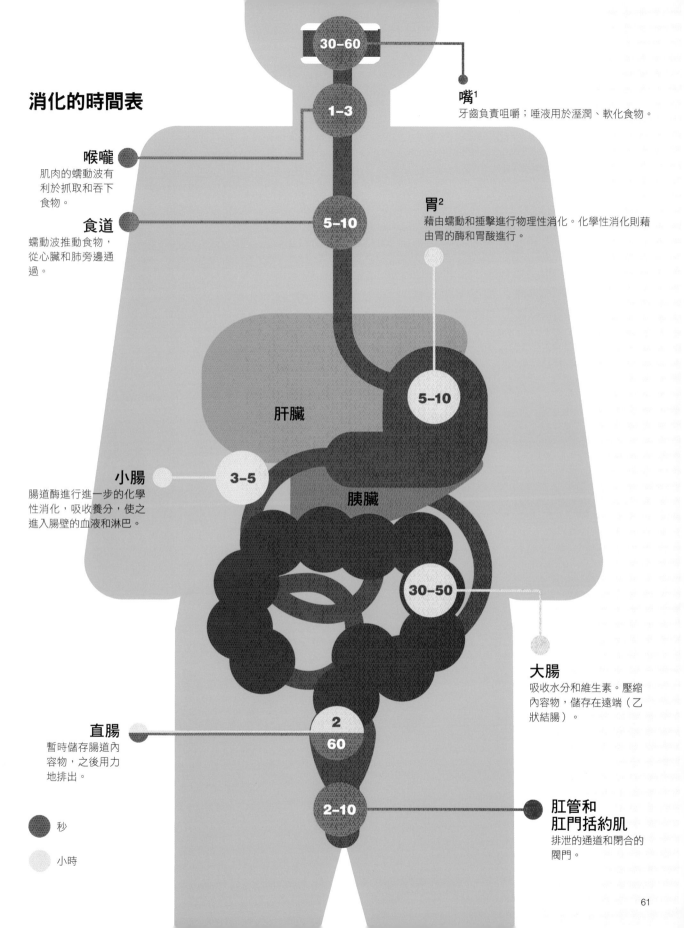

消化的時間表

30–60

嘴[1]
牙齒負責咀嚼；唾液用於溼潤、軟化食物。

1–3

喉嚨
肌肉的蠕動波有利於抓取和吞下食物。

食道
蠕動波推動食物，從心臟和肺旁邊通過。

5–10

胃[2]
藉由蠕動和捶擊進行物理性消化。化學性消化則藉由胃的酶和胃酸進行。

肝臟

5–10

小腸
腸道酶進行進一步的化學性消化，吸收養分，使之進入腸壁的血液和淋巴。

3–5

胰臟

30–50

大腸
吸收水分和維生素。壓縮內容物，儲存在遠端（乙狀結腸）。

直腸
暫時儲存腸道內容物，之後用力地排出。

2
60

2–10

肛管和肛門括約肌
排泄的通道和閉合的閥門。

● 秒

○ 小時

血液裡的物質

血液中約有一半是水，剩下的是生命所需最為重要的物質，包括溶解的氧氣、富含能量的糖和脂肪、對抗疾病的抗體蛋白，還有重要的營養物質、礦物質和維生素。如果深入研究紅血球和白血球，很快會發現它們的數目和形態變化與眾不同。每秒有兩、三百萬個新的紅血球被生成出來；每個紅血球內含有2億8千萬個攜帶氧氣的血紅蛋白分子；每個血紅蛋白中含有7000多個原子。這樣算起來，等於每秒鐘有6百兆個原子組合起來。

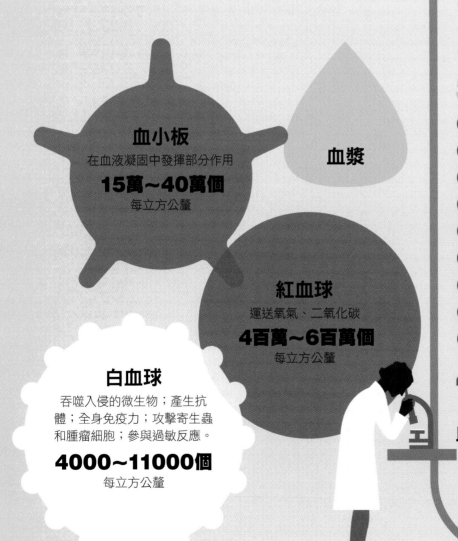

血小板
在血液凝固中發揮部分作用
15萬～40萬個
每立方公釐

血漿

紅血球
運送氧氣、二氧化碳
4百萬～6百萬個
每立方公釐

白血球
吞噬入侵的微生物；產生抗體；全身免疫力；攻擊寄生蟲和腫瘤細胞；參與過敏反應。
4000～11000個
每立方公釐

1 0.5

53-57

43-46

血液的主要分數
「分數」指的是相對組成或比例。
平均百分比（％）

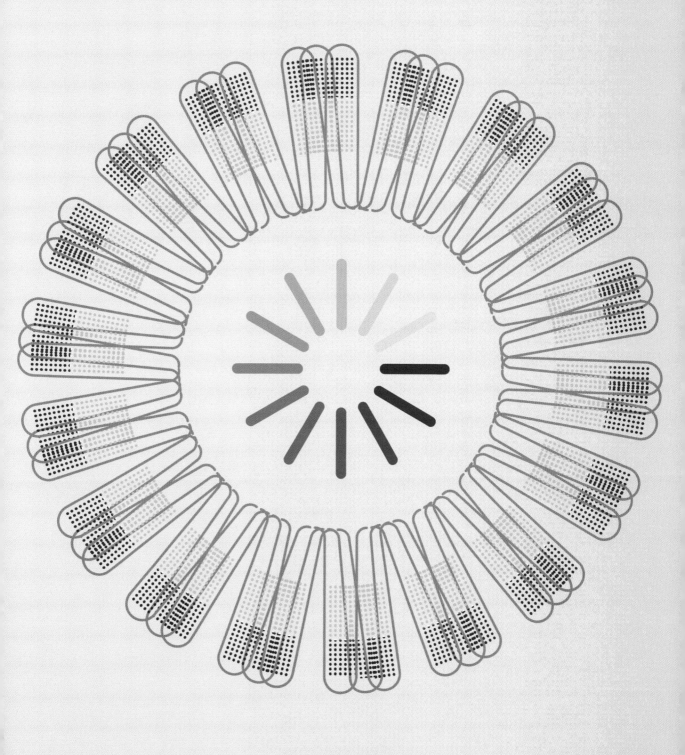

每分鐘15萬轉

在以前，醫生會把血液放進試管裡，讓地球的自然重力作用分離各種成分（最重的會留在試管底部），以便進行血液檢查。如今，快速旋轉的「超高速離心機」以大於每分鐘15萬轉（每秒2500轉，這種速度可產生2噸的力，即一般重力的200萬倍）的速度，使血液旋轉。這樣就能把血液中最小的成分離出來，包括病毒、DNA和蛋白質。如果等著讓地球重力產生這種效果，等待的時間可能會比宇宙的年齡還要長。

低於35.0 體溫過低		36.5~37.5 人體的正常溫度		超過37.5~38.31[1] 體溫過高

生存所需的化學

溫度是影響化學反應速度的一個反應關鍵因素。人體中,各式各樣的生化活動(新陳代謝)都被鎖定在一個很小的溫度範圍之內,這個範圍通常是攝氏36.5~37.5度,每24小時之中的正常波動最大為1度。如果超出這個溫度範圍,控制大部分反應的酶類就要開始失去效能,而一旦一條代謝途徑中斷,很快就會導致另一條途徑也中斷,迅速形成連鎖反應。

每日的體溫波動(攝氏)

每天的24小時當中,在生物節律的自然作用下,核心體溫會正常上升和下降。在此基礎上,核心溫度的變動最高達0.5℃,這取決於周圍的環境和人體活動的程度。

37	36.4	36.4	36.8	37.5	37.4	37.3	37.1
凌晨	凌晨	上午	上午	正午	下午	下午	晚上

在冷水中

冷水帶走體溫的速度是空氣的25倍,視水流的速度而定。如果是游泳程度普通的成年人,穿著普通的襯衫和長褲,附加輔助漂浮的游泳頸圈,以下是大約能待在水裡的時間。

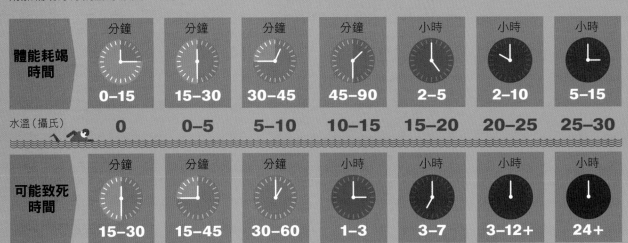

	分鐘	分鐘	分鐘	分鐘	小時	小時	小時
體能耗竭時間	0–15	15–30	30–45	45–90	2–5	2–10	5–15
水溫(攝氏)	0	0–5	5–10	10–15	15–20	20–25	25–30
	分鐘	分鐘	分鐘	小時	小時	小時	小時
可能致死時間	15–30	15–45	30–60	1–3	3–7	3–12+	24+

註1:以體溫在白天和晚上的正常變化為準(見上圖)。

低溫的進程

嚴重的低溫會導致兩種怪異的行為：

輕度

32–35
°C

皮膚發白，感到冷、勞累、飢餓，可能會噁心、發抖、速度減慢、協調性變差。

呼吸遲緩，心率下降。

言語模糊不清，失去定向能力或神智混亂。

中度

28–32
°C

重度
低於

28
°C

運動神經指示血管擴張（血管舒張）。

皮膚和周邊的溫度感測器感知到，來自身體內部溫暖血液帶來了過量的熱能。

大腦接收到身體變得太熱的感覺訊息。

失去意識

終末穴居行為
爬進或鑽進密閉空間，這可能與原始的冬眠本能有關。

大腦覺察到因全身裸露而產生的脆弱感。

反常的脫衣現象
脫下衣物

人體的基因
GENETIC BODY

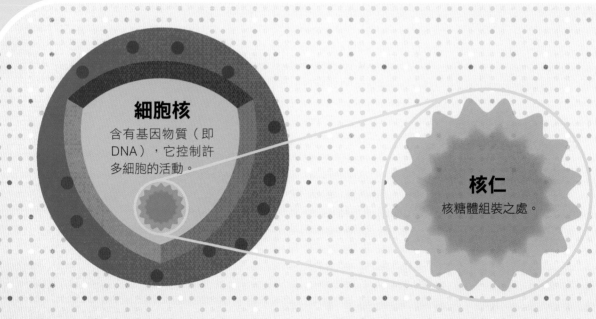

細胞核

含有基因物質（即
DNA），它控制許
多細胞的活動。

核仁

核糖體組裝之處。

細胞內部

一個「典型」體細胞的形狀就像一個模糊的斑點，約20μm寬，這代表要有50個體細胞排成一排，才會有一公釐寬。問題是：這樣「典型」的體細胞其實並不存在。與之最相近的可能是肝細胞，如圖所示，它可說是出色的「全才」型細胞。其他細胞多數具有非常特殊的形狀和組成成分，之後幾頁會詳細闡述。正如人體主要是由器官所構成的，細胞則是由胞器所構成。最大的胞器通常是細胞核，也就是控制中心，其中容納了基因物質（即DNA）。此處也顯示了其他幾個主要胞器及其主要功能。

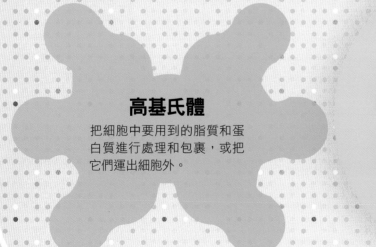

高基氏體

把細胞中要用到的脂質和蛋
白質進行處理和包裹，或把
它們運出細胞外。

多少個？

人體內的細胞數量，**估計是幾十億到20
萬兆個（200,000,000,000,000,000）**。
若按體積算，細胞大概有15兆個；按
質量算，大概有**70兆個**。最新的一種
計算方式考慮了細胞的大小、數量，以
及它們在不同組織中的包裹方式，以這
種方法估算細胞數目，大概有**37兆個**
（37,000,000,000,000）。
如果一秒鐘數一個細胞，需要
一百萬年以上的時間。

細胞膜

控制進出細胞的物質，保護細胞內部結構。

有多重？

一個普通細胞的重量是1奈克，
即10億分之一公克，
等於……

0.000,000,001

公克

細胞質

提供細胞骨架，形成細胞
的形狀、內部結構和編
排；含有被溶解的物質。

粒線體

分解高能物質（如糖類），為細胞提供能量。

溶小體

此處會把衰老的、不再需
要的物質進行分解和回收。

內質網

脂質合成、蛋白質加工、
酶類貯存、解毒。

多大？

人類或其他哺乳動物體內，
一個細胞的平均大小或體積是

0.000,004

立方公釐
即1立方公分的10億分之4。

核糖體

合成蛋白質：透過增
加胺基酸次單元，生
成大分子和蛋白質
（見 76頁）。

69

細胞種類繁多

人體內有200多種不同的細胞。每種細胞都有特別的形狀，胞內的組成部分和胞器齊全，以發揮自身的特殊作用。例如，神經細胞或神經元透過像蛇一樣長長的突起——軸突（纖維）和樹突，與周圍細胞進行訊息交流；肌肉細胞中充滿了粒線體，因為它們需要足夠的能量；紅血球中則有很多可運輸氧氣的血紅素。以下列舉了幾種細胞的獨有特性。

皮膚

角質細胞
扁平狀，充滿了角蛋白，具有一定硬度，可保護皮膚。

血球

紅血球
「雙凹」形，吸收氧氣的面積很大。

血球

白血球
靈活多變，可以在組織之間擠壓變形，追趕入侵者。

骨骼肌

骨骼肌細胞
長長的形狀有如紡錘，在收縮時會變短。

心肌
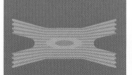
心肌細胞
既有分支又有交錯；其他細胞休息時，有一部分心肌細胞仍在工作。

神經

神經元
透過許多細細的延伸結構，與其他神經細胞相互連結。

脂肪

脂肪細胞
袋狀的大液泡，用以儲存脂肪。

骨骼

骨細胞
形狀像蜘蛛網，負責滋養和修復周圍的骨頭。

胰島素製造

胰腺β細胞
含有許多胰島素的貯存器。

杯狀細胞

柱狀上皮細胞
在腸道、呼吸道和其他部位產生黏液。

許旺細胞

神經鞘膜細胞
生成髓鞘，包圍並保護神經纖維。

結締組織
纖維母細胞
有很多分支，用於生成膠原蛋白和其他結締物質。

存活於人體內部和表面的細菌與其他
微生物,大部分都很「友善」,推測其總
數超過體細胞,兩者的比例為10：1,也
就是說總數約400兆,是我們銀河系中
恆星數目的2000多倍。

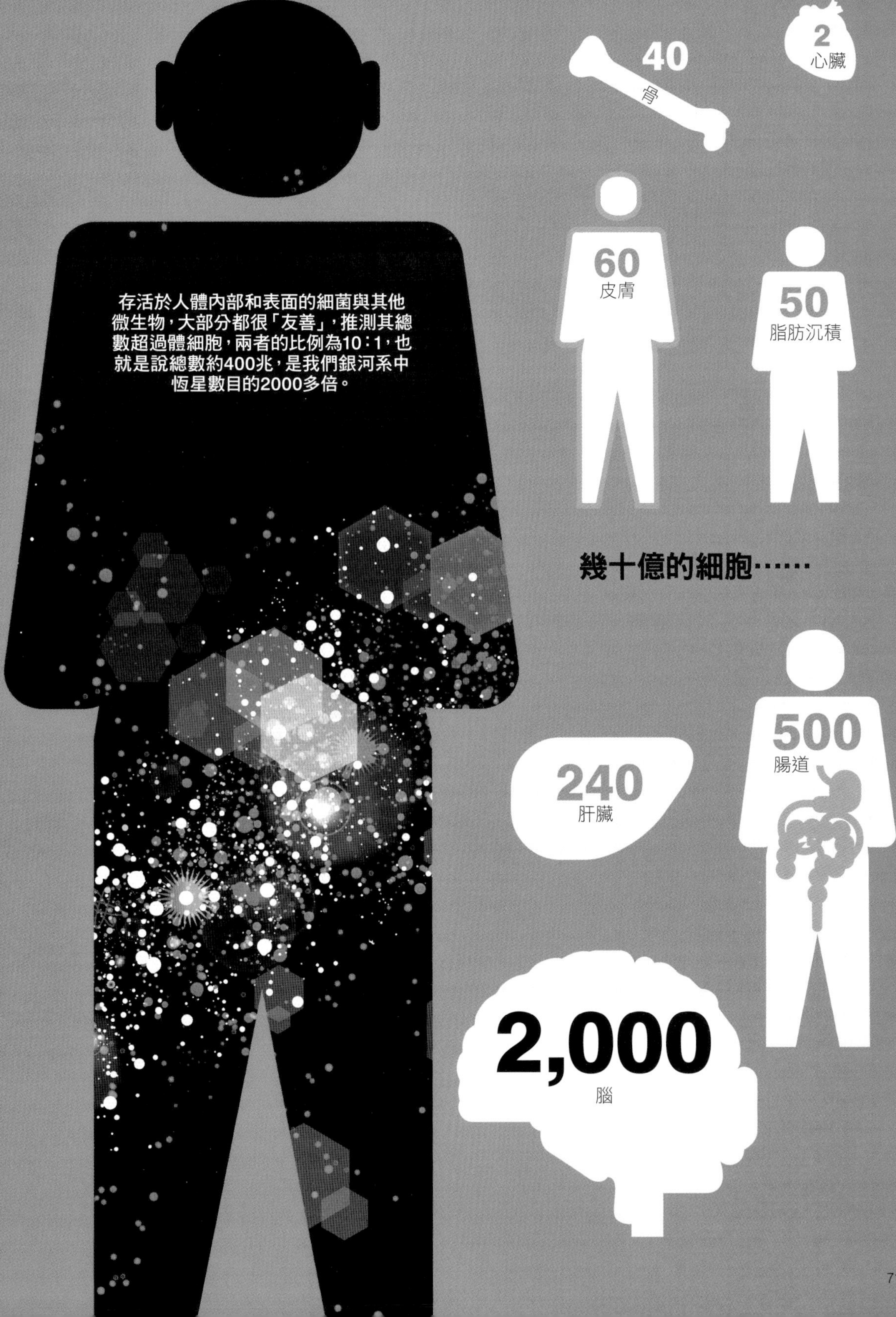

40
骨

2
心臟

60
皮膚

50
脂肪沉積

幾十億的細胞······

240
肝臟

500
腸道

2,000
腦

深入ＤＮＡ內部

人體細胞的細胞核就是控制中心，在它的內部有46條基因物質，即DNA，全名是去氧核糖核酸。每一條DNA分子，加上一種叫組織蛋白的蛋白質，一起被稱為染色體。這些染色體共計23對，每一對中的兩條染色體都是跟彼此非常接近的複製品。這些DNA分子以化學密碼的形式攜帶基因，指引人體各部位進行生長、運作、維護和修復。

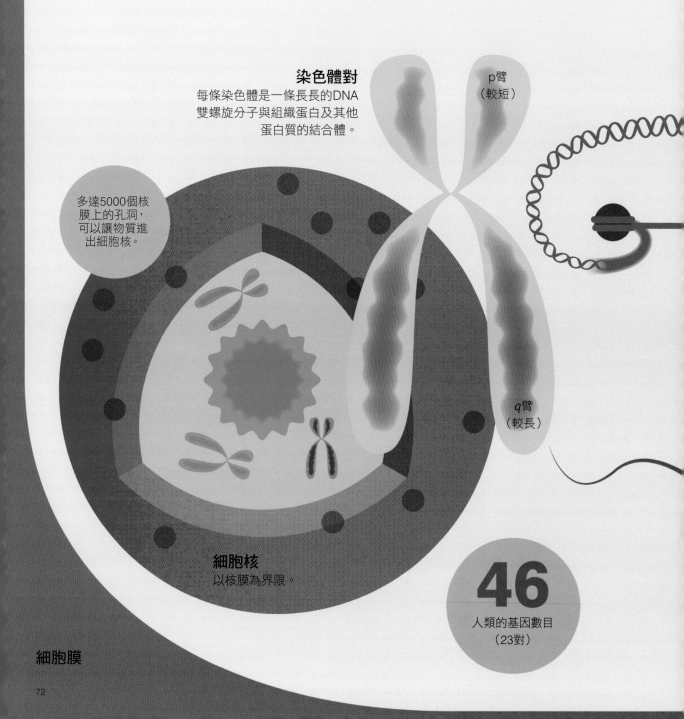

染色體對
每條染色體是一條長長的DNA雙螺旋分子與組織蛋白及其他蛋白質的結合體。

p臂
（較短）

多達5000個核膜上的孔洞，可以讓物質進出細胞核。

q臂
（較長）

細胞核
以核膜為界限。

46
人類的基因數目
（23對）

細胞膜

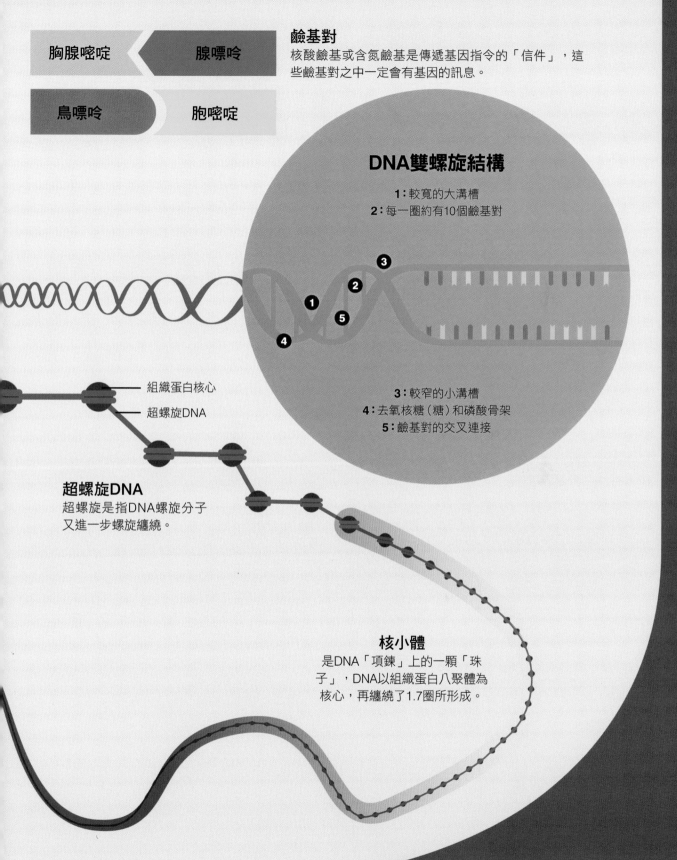

鹼基對

胸腺嘧啶 | 腺嘌呤

鳥嘌呤 | 胞嘧啶

鹼基對

核酸鹼基或含氮鹼基是傳遞基因指令的「信件」，這些鹼基對之中一定會有基因的訊息。

DNA雙螺旋結構

1： 較寬的大溝槽
2： 每一圈約有10個鹼基對

3： 較窄的小溝槽
4： 去氧核糖（糖）和磷酸骨架
5： 鹼基對的交叉連接

組織蛋白核心
超螺旋DNA

超螺旋DNA

超螺旋是指DNA螺旋分子又進一步螺旋纏繞。

核小體

是DNA「項鍊」上的一顆「珠子」，DNA以組織蛋白八聚體為核心，再纏繞了1.7圈所形成。

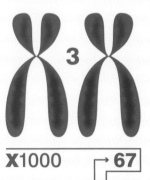
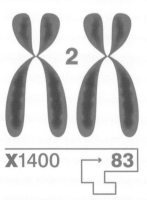
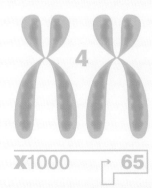
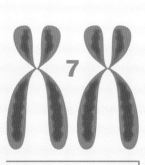

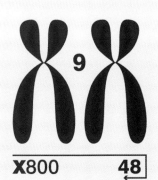
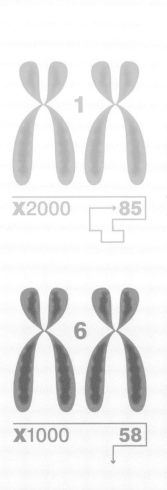
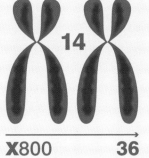

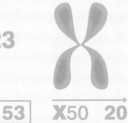

1 X2000 → 85

2 X1400 → 83

3 X1000 → 67

4 X1000 → 65

6 X1000 58

7 X900 ← 54

8 X700 ← 50

9 X800 48 ←

14 X800 → 36

15 X600 → 35

16 X800 → 31

17 X1200 28

22 X500 → 17

23 X（雌）X800 ← 53

Y X50 20 →

X 染色體中含有的基因大致數目。

實際長度 每個染色體中的 DNA整個解開後的長度（公釐）。

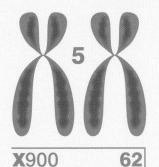

核型

核型又稱組型，是指在一個生物體中所有染色體的樣貌，通常會擺成一排。人體的核型有……

22對
相同外觀的染色體，按照由大到小的順序粗略編號。

第23對
形態有異，稱為性染色體 X 和 Y。

X900 ← 62

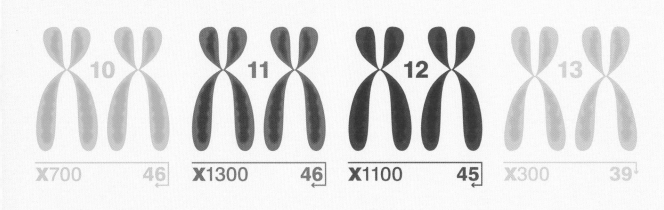

X700 ← 46
X1300 ← 46
X1100 ← 45
X300 ↓ 39

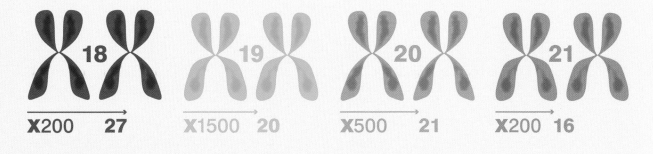

X200 → 27
X1500 → 20
X500 → 21
X200 → 16

基因體

人體的全套基因訊息統稱為人類基因體。它存在於細胞核中的46個雙螺旋DNA之中，以分子的標準而言，每個雙螺旋DNA都很長，在光學顯微鏡下卻細小到看不見。在細胞準備分裂的時候，每一整條如蛇形一般的DNA會彎曲、纏繞，形成超螺旋結構和超級超螺旋結構。最後，它變成更短、更粗厚、更密實的X形結構，經過恰當的染色，就能在顯微鏡下看到。這些東西叫作「染色體」──不論它們是在準備進行細胞分裂時形成密實的X形狀（就像這兩頁上一對一對複製的形狀），還是在接受指令後串聯盤繞在一起，都可以用這個詞來代稱。

基因怎麼運作

基因負責指引人體的發育和運作,但是它們到底做了什麼呢?基因就好比一本計劃書或說明書,它是承載訊息的DNA片段,是打造人體某個部位的化學密碼。這裡所指的人體部位通常只有分子大小。對許多基因而言,這些部位指的是蛋白質,比如為肌肉提供動力的肌動蛋白和肌凝蛋白;讓皮膚變得緊實的膠原蛋白和角蛋白;澱粉酶、脂肪酶和其他消化酶……等幾百種蛋白質。此外,其他的基因決定了不同RNA(即核糖核酸)的結構,而核糖核酸積極參與細胞活動的組織和運作,這些活動也包括對基因的控制。

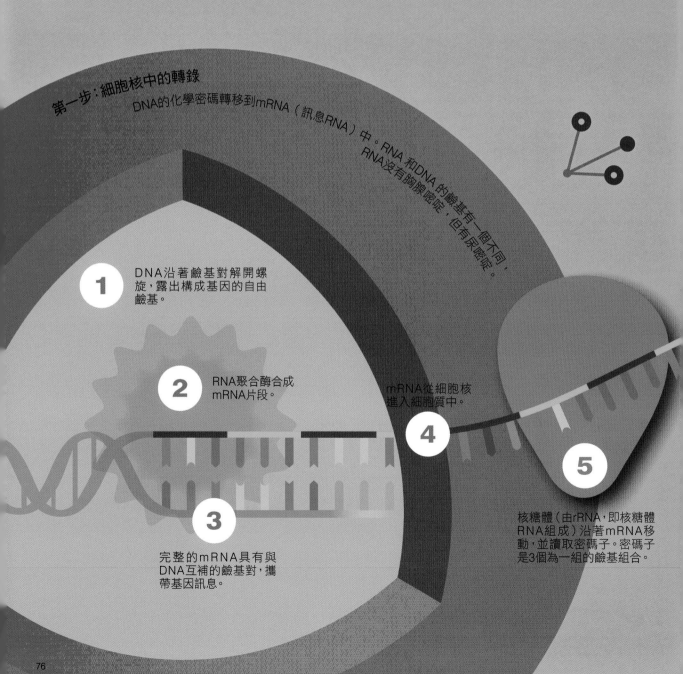

第一步:細胞核中的轉錄

DNA的化學密碼轉移到mRNA(訊息RNA)中。RNA 和DNA 的鹼基有一個不同,RNA沒有胸腺嘧啶,但有尿嘧啶。

1 DNA沿著鹼基對解開螺旋,露出構成基因的自由鹼基。

2 RNA聚合酶合成mRNA片段。

3 完整的mRNA具有與DNA互補的鹼基對,攜帶基因訊息。

4 mRNA從細胞核進入細胞質中。

5 核糖體(由rRNA,即核糖體RNA組成)沿著mRNA移動,並讀取密碼子。密碼子是3個為一組的鹼基組合。

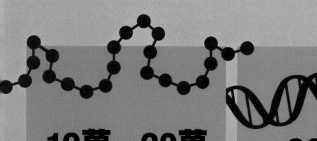

10萬～20萬
人體內不同蛋白質的種類數

20,000
攜帶合成蛋白質訊息的基因大致是這個數量

20
所有生物中，不同胺基酸的種類數。把它們按照不同次序相連，就可以合成不同種類的蛋白質。

第二步：細胞質中的轉譯
mRNA中的加密訊息，在核糖體和tRNA（轉移RNA）的協助下，用於蛋白質合成。

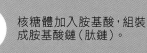

7 核糖體加入胺基酸，組裝成胺基酸鏈（肽鏈）。

6 tRNA辨認密碼子，並帶來密碼子所對應的正確胺基酸。

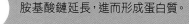

8 胺基酸鏈延長，進而形成蛋白質。

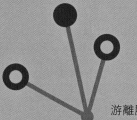

游離胺基酸

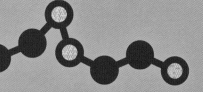

基因如何發揮特殊作用

每個細胞都有一套完整的基因，那麼不同細胞是怎麼形成不同的外觀和功能呢？答案就是：並不是所有的基因都會發揮作用或處於開啟狀態。通常，必要的「管家」型基因會發揮基本功能，例如建造胞器、處理能量和廢物，但大多數其他基因是處於關閉狀態或受到抑制，除了用於細胞特定功能的基因。比如說，紅血球讓自己的「管家」型基因不停工作，也同時讓那些製造攜氧的血紅素的基因工作，其他大部分基因的功能則受到抑制。

步驟1：基因信息

11號染色體
血紅蛋白 β 次單元基因（HBB）。
位於11p15.5（11號染色體，短臂或p臂，編號15.5位置）。

16號染色體
血紅蛋白的 β 次單元基因1（HBA1）。
血紅蛋白的 β 次單元基因2（HBA2）。
位於16p13.3（16號染色體，短臂或p臂，編號13.3位置）。

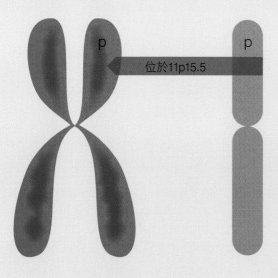

位於11p15.5

位於16p13.3

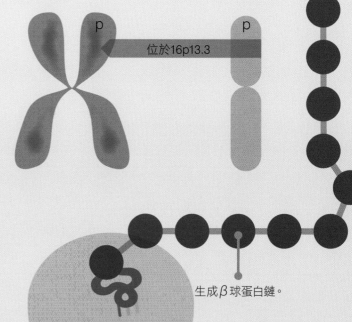

步驟2：合成蛋白質次單元

以HBB為模板組裝組成mRNA。

11號染色體

生成 β 球蛋白鏈。

核糖體「讀取」mRNA，把胺基酸聚合成肽鏈。

DNA解旋，暴露 HBB基因。

步驟3：合成血紅素分子

一級結構
一個 β 球蛋白鏈有146個胺基酸。

二級結構
胺基酸之間有連結，而由於鍵與鍵之間的角度，胺基酸鏈有彎曲和折疊，形成 α 螺旋。

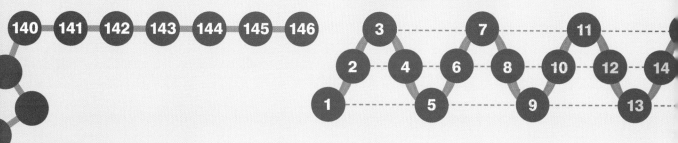

三級結構
胺基酸長鏈（多肽鏈）透過折疊、纏繞和包覆，形成 β 球蛋白的立體形狀。

四級結構
α 次單元、β 次單元和其他次單元組裝起來，生成完整的、能正常運作的血紅蛋白。

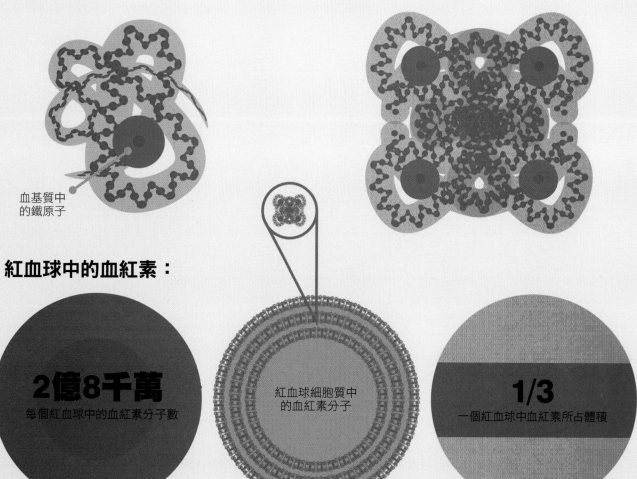

血基質中的鐵原子

紅血球中的血紅素：

2億8千萬
每個紅血球中的血紅素分子數

紅血球細胞質中的血紅素分子

1/3
一個紅血球中血紅素所占體積

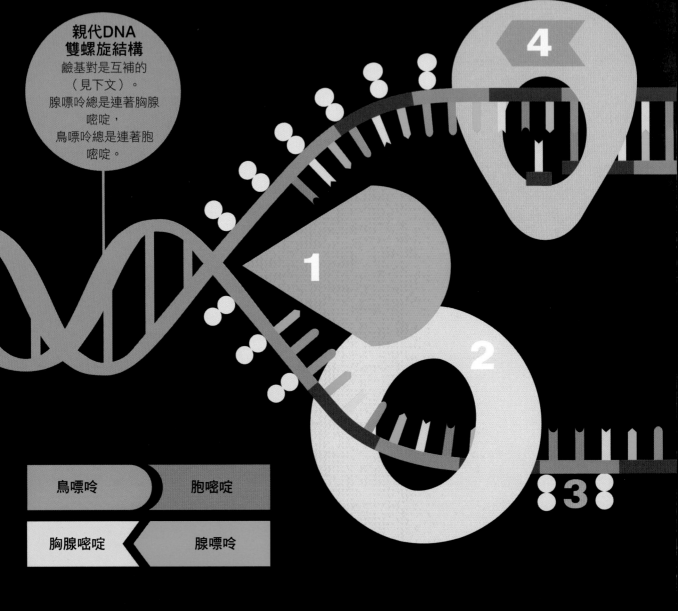

親代DNA
雙螺旋結構
鹼基對是互補的
（見下文）。
腺嘌呤總是連著胸腺
嘧啶，
鳥嘌呤總是連著胞
嘧啶。

4

1

2

3

鳥嘌呤　　　胞嘧啶

胸腺嘧啶　　腺嘌呤

DNA 變成兩倍

沒有細胞能永遠活著。它們會分裂生成子代細胞，如下頁所示。這裡的關鍵是拷貝或複製基因，基因則是指由DNA（去氧核糖核酸）所組成的染色體。這樣一來，每個子代細胞就能獲得親代細胞的全套基因，並繼續發揮作用。從人體第一個單細胞（即受精卵）中的第一組DNA，到每天細胞透過分裂來更新皮膚、血液和其他部位中的老化細胞，DNA的複製幾乎可說是人體內每一個過程、每一個事件的基礎。

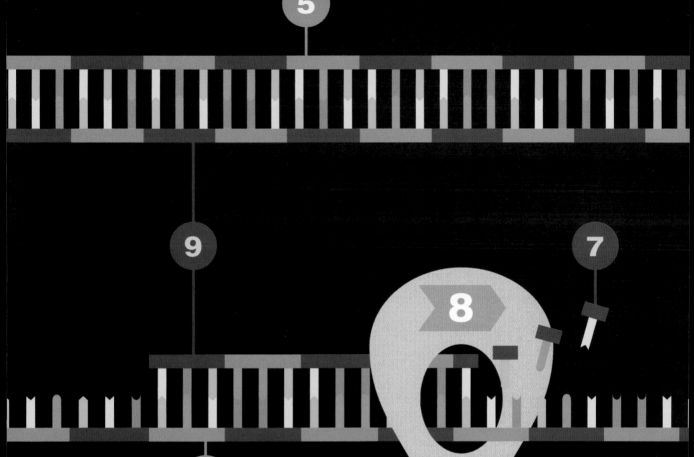

1：解旋酶
對於兩條現有DNA或親代DNA，加以解開並分離（也可以說是「解壓縮」）成對鹼基對的酶。

2：引子酶和RNA引子
引子酶生成RNA引子，是生成新的互補片段或子代DNA股的起點。

3：結合蛋白
保護暴露出來的鹼基，防止它們重新連接、分離或退化。

4：DNA聚合酶
「讀取」現有鹼基的酶，並「剪接」新的鹼基、糖和磷酸，形成新的互補股。

5：領先股
DNA聚合酶沿著現有的DNA股不斷移動，形成延長的新股。

6：延遲股
因為DNA聚合酶會沿著DNA骨架，只朝著一個方向工作，所以在這條股上，合成新片段的方向就像一步一步「向後」走。

7：岡崎片段
現有的DNA延遲股上，新生成的短DNA片段，DNA連接酶會把它們連接起來。

8：DNA聚合酶和DNA連接酶
在現有的延遲股上，把岡崎片段「縫合」在一起，形成一條長長的互補片段。

9：子代DNA
是兩個相同的雙螺旋結構，每個都含有一條親代DNA股和一條互補的新DNA配對股。

細胞怎麼分裂

細胞不會自動從無生命物質中出現（除了生物學家提出的理論：大約30億年前，細胞首度出現）。相反的，每個細胞都是源於一個已存在的細胞，透過細胞分裂而產生，有時候這個過程也稱作細胞增殖（這是有些讓人混淆）。在這個過程中，幾乎總是由一個細胞變為兩個，由原先的親代細胞變為兩個子代細胞。這個分裂過程的關鍵是細胞核分離，又稱有絲分裂。在有絲分裂之前，全部的基因物質（即DNA）會受到複製，以便讓每個子代細胞得到一整套基因物質。不過，細胞分裂生成生殖細胞（即卵子和精子）的過程略有不同，參見第180頁。

分裂間期
染色體中的DNA分散開來、纏繞在一起，基因受到活化，DNA也進行複製。

分裂前期
每條染色體的DNA盤繞、「壓縮」，變得能清楚易見。核膜解體，中心體和微管形成紡錘體。

分裂中期
微管連接到染色體上。
染色體排列在細胞中心或赤道板上。

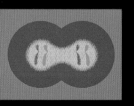

分裂後期
重複的成對染色體分離，由微管將其拉到細胞的兩端。

分裂末期
在每個子細胞中，染色體到達各自的位置，兩個細胞分別重新形成其核膜。

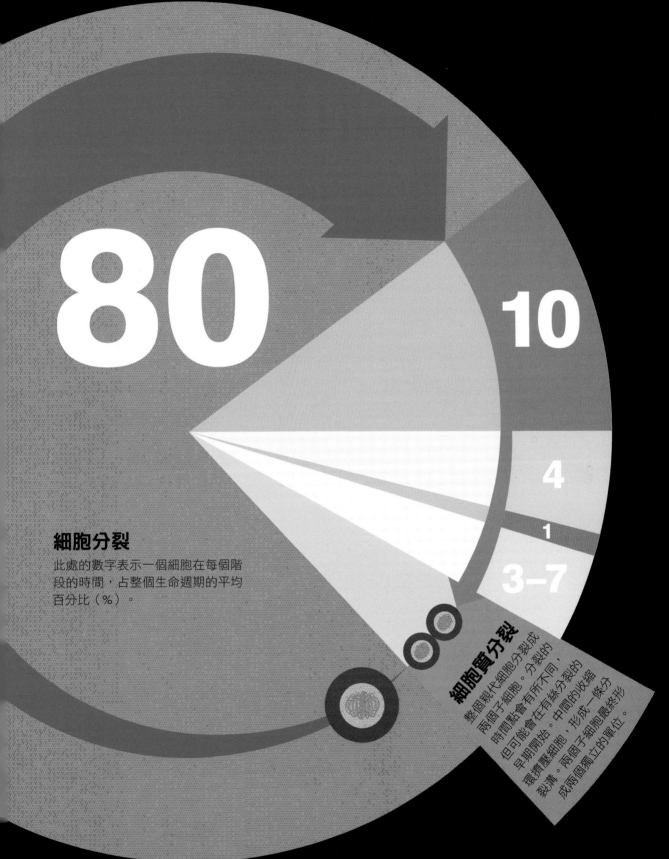

80

10

4

1

3-7

細胞分裂

此處的數字表示一個細胞在每個階段的時間，占整個生命週期的平均百分比（％）。

細胞質分裂

整個親代細胞分裂成兩個子細胞。分裂的時間點會有所不同，但可能會在有絲分裂的早期開始。中間的收縮環箍住細胞，形成一條分裂溝。兩個子細胞最終形成兩個獨立的單位。

細胞的生命

人體有200多種細胞,每一種細胞都有各自預先設定好的生存時間,直到被該組織快速增殖的幹細胞所產生的同類細胞取代。一般來說,若是受到嚴重的磨損或暴露在化學物質中,細胞轉換率會更快。存活時間最長的細胞位於大腦深處,也就是神經元,它讓我們能夠思考、感受和記憶。細胞的數量龐大,假如把人體每秒鐘更新的細胞首尾相連,大致估算長度會超過1公里。

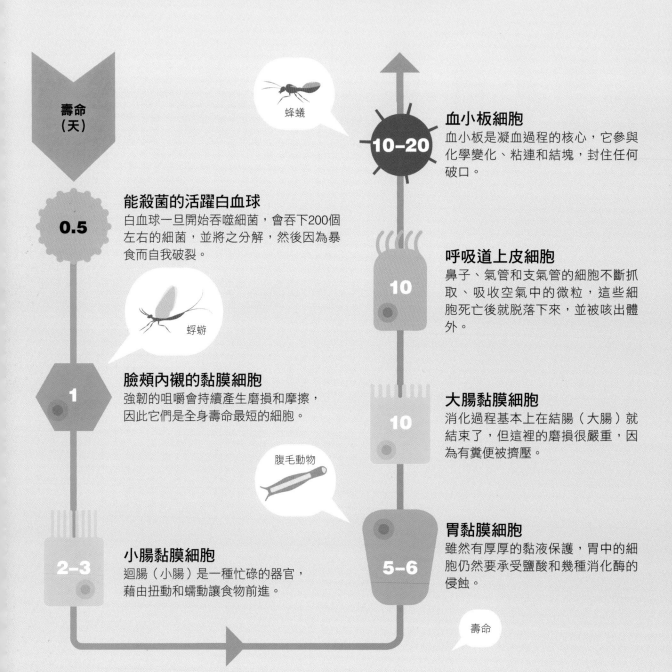

壽命(天)

蜂蟻

10–20 血小板細胞
血小板是凝血過程的核心,它參與化學變化、粘連和結塊,封住任何破口。

0.5 能殺菌的活躍白血球
白血球一旦開始吞噬細菌,會吞下200個左右的細菌,並將之分解,然後因為暴食而自我破裂。

蜉蝣

10 呼吸道上皮細胞
鼻子、氣管和支氣管的細胞不斷抓取、吸收空氣中的微粒,這些細胞死亡後就脫落下來,並被咳出體外。

1 臉頰內襯的黏膜細胞
強韌的咀嚼會持續產生磨損和摩擦,因此它們是全身壽命最短的細胞。

腹毛動物

10 大腸黏膜細胞
消化過程基本上在結腸(大腸)就結束了,但這裡的磨損很嚴重,因為有糞便被擠壓。

2–3 小腸黏膜細胞
迴腸(小腸)是一種忙碌的器官,藉由扭動和蠕動讓食物前進。

5–6 胃黏膜細胞
雖然有厚厚的黏液保護,胃中的細胞仍然要承受鹽酸和幾種消化酶的侵蝕。

壽命

視網膜細胞，眼部
感光細胞（即桿細胞和錐細胞）的平均壽命，意味著在細緻脆弱的眼睛中，細胞的更替率持續而緩慢。

10–20

大腦的神經元
它們的構造極其複雜，含有成千上萬個突觸（連接），這代表大腦神經元的壽命幾乎可以持續人的一生。

30,000
（80年）

表皮（外部皮膚）細胞
磨損、摩擦和輕微的傷害，意味著皮膚的整個外層（即表皮）每月至少要自我更新一次。

20–30

記憶性白血球
感染之後，一些記憶性T細胞和B細胞會在體內循環數年乃至數十年，時時準備再次採取行動，對抗同樣的疾病。

22,000
（60年）

非洲象

馬

紅血球
骨髓每秒產生200多萬個紅血球，人體內回收的礦物質也與這個數目相當，特別是由脾和肝回收而來的。

120

10,000
（25年）

維持骨質的細胞
骨細胞具有複雜的形狀，像隻有100多條「腿」的立體蜘蛛。這些細胞負責使骨中礦物質維持充足，並不斷更新。

肝細胞
肝臟的細胞叫肝細胞，負責執行多個任務，能夠處理各種礦物質和營養素，還可以儲存維生素。

150

骨骼肌細胞
肌細胞是一種很大的「多細胞體」，由許多小細胞融合為一個單元，直徑可達一公釐。

5,500（15年）

老鼠

胰臟細胞
某些胰臟細胞能分泌胰島素和升糖素，其他細胞則能夠產生小腸消化所需的消化酶。

350
（1年）

肺黏膜細胞
小氣囊和肺泡以緩慢的速度積累灰塵和其他雜物，所以每年只更新一兩次。

500
（16個月）

基因如何相互作用

人類基因組中含有46條染色體（或DNA），為23對。也就是說，有兩條1號染色體、兩條2號染色體……以此類推。這是否意味著，每個基因都具有兩個相同的拷貝，分別位於這兩條染色體上呢？就像大多數跟遺傳學有關的問題一樣，答案可以說是「對」，也可以說是「不對」或「可能吧」。在某些人身上，某個特定基因的兩個等位基因（或稱對偶基因）會是相同的；在其他人身上，這兩個等位基因則會有差異，其中一個基因更加強大，占主導地位，並「擊敗」了弱者（即隱性基因）。一個例子就是RH血型，其等位基因包括RH陽性（RH＋）或RH陰性（RH－）。對了，還有其他非常非常多的基因，請見右頁。

位置：1p36.11
（1號染色體，短臂或p臂，編號36.11位置）

Rh血型的基因
基因名稱：RHD（及其他）
長度：58,000個鹼基對

+ D+等位基因生成RHD

- D-等位基因不生成RHD

產物
名稱：RHD蛋白，位於紅血球
長度：416個胺基酸

RHD有表現
血型RH＋

RHD不表現
血型RH－

三種可能性
RHD基因的 3 種可能組合，取決於兩條1號染色體上的等位基因，一個來自母親，另一個來自父親。D+是佔優勢的基因，呈顯性，D–是較弱的基因，呈隱性。

兩條1號染色體都有D+等位基因

兩條1號染色體都有D–等位基因

1號染色體中，一條有D＋等位基因，另一條有D－等位基因，D+基因更強大，更佔主導地位

++
個體呈 RH+

--
個體呈 RH-

+ -
個體呈 RH+

遺傳學並沒有那麼簡單

本頁以非常簡單的方式解釋RH血型。

RHD基因的等位基因不止兩個，而是有超過50個。

這代表會有很多RHD蛋白，如弱D、部分D、Del和其他幾種的蛋白。

並不是所有的弱D蛋白都一樣，其實有弱D1型、弱D2型、弱D4型、弱D11型、弱D57型和其他更多分型。

除此之外，RHD只是「RH」基因當中的一種。

其他基因包括RHCE、RHAG、RHBG和RHCG，有些基因位於不同的染色體上。

這些基因會產生其他各種蛋白質，如C、E、c和e。

記住，RH血型只是一種血型系統。其他還有9號染色體上的ABO血型系統、4號染色體上的MNS血型系統、L（Lewis）血型系統、K（Kell）血型系統……總計超過30種。

上述這些內容只是讓你粗略了解，為什麼遺傳學是這麼複雜。

透過遺傳獲得的基因

基因是從我們父母身上直接遺傳而來。前面提過，人體內每個細胞都有兩套完整的基因，形成第1到第23對染色體；這是由於細胞從最初的兩套染色體開始，透過細胞分裂，進行多次複製、複製、再複製而產生的。最初的這兩套染色體，一套來自母親的卵細胞，另一套來自父親的精細胞（見第182頁）。讓我們來看一看，某一個基因的不同版本的等位基因，要怎麼透過不同的組合，產生不同的結果——先從微笑開始看起！

酒窩

臉頰上的這些小窩或凹陷，可能是酒窩基因的一個優勢等位基因所產生的結果，我們姑且稱之為＋，沒有酒窩的是隱性基因，稱為－。請記得，母親的兩個酒窩基因中，只有一個可以進入卵子，同樣地，每個精子中也只有父親的一個酒窩基因。這兩個基因怎麼組合，就全憑機運了。

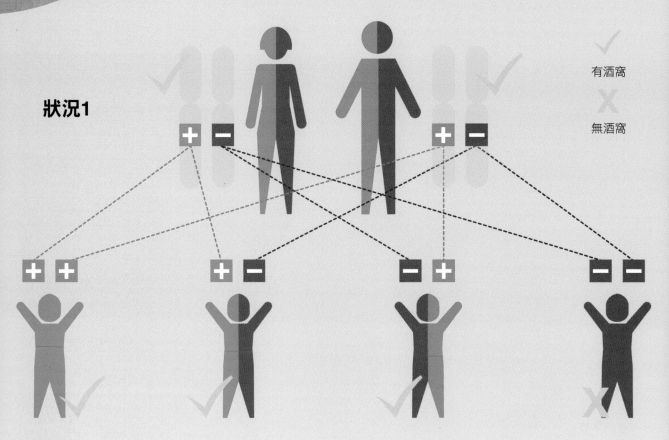

狀況1

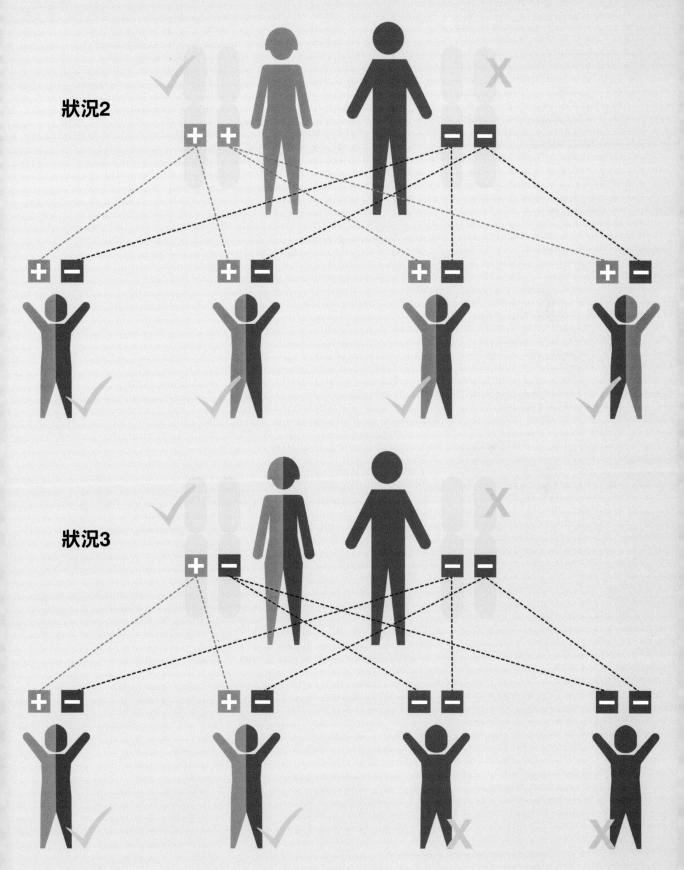

狀況2

狀況3

遺傳學夏娃

細胞中,每個有「發電機」之稱的粒線體都有短DNA片段,稱為mDNA或mtDNA(粒線體DNA)。受精過程中,當一個精子進入卵子時,精子並不會貢獻粒線體,所以人體中全部的粒線體DNA都是來自母親。根據對粒線體DNA改變或突變的研究,我們人類(智人)理論上可以追溯到一位20萬年前的非洲女性——也就是所謂的「遺傳學夏娃」(粒線體夏娃)。

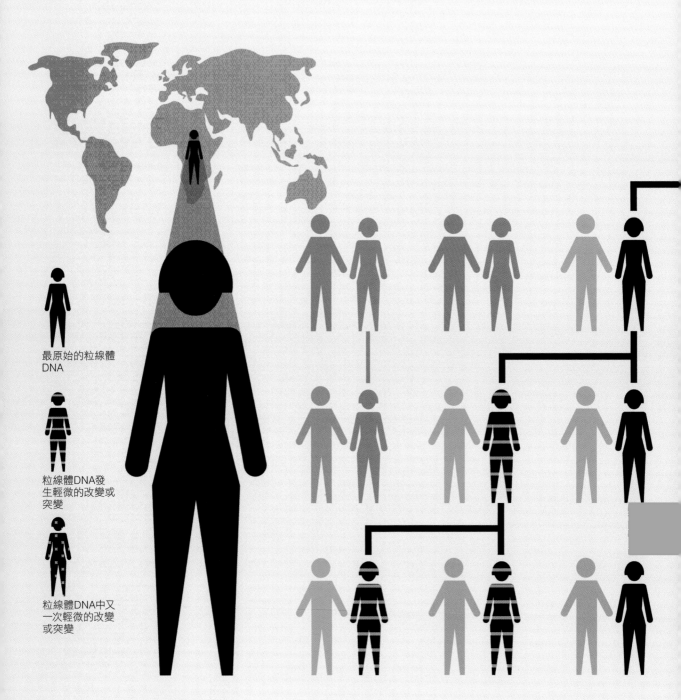

最原始的粒線體
DNA

粒線體DNA發
生輕微的改變或
突變

粒線體DNA中又
一次輕微的改變
或突變

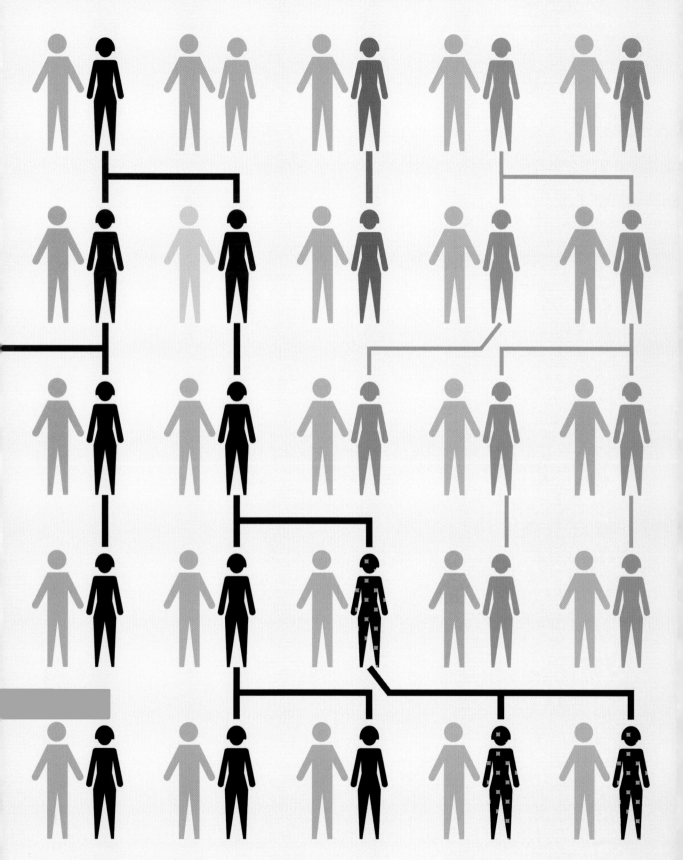

人體的感官
SENSITIVE BODY

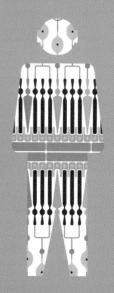

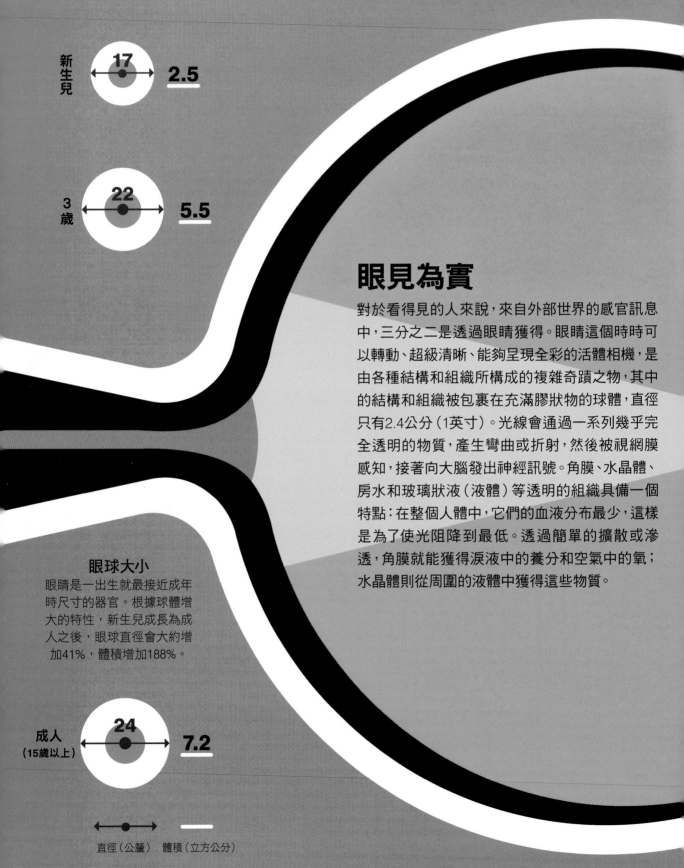

新生兒 **17** **2.5**

3歲 **22** **5.5**

眼球大小
眼睛是一出生就最接近成年時尺寸的器官。根據球體增大的特性,新生兒成長為成人之後,眼球直徑會大約增加41%,體積增加188%。

成人
(15歲以上) **24** **7.2**

直徑(公釐) 體積(立方公分)

眼見為實
對於看得見的人來說,來自外部世界的感官訊息中,三分之二是透過眼睛獲得。眼睛這個時時可以轉動、超級清晰、能夠呈現全彩的活體相機,是由各種結構和組織所構成的複雜奇蹟之物,其中的結構和組織被包裹在充滿膠狀物的球體,直徑只有2.4公分(1英寸)。光線會通過一系列幾乎完全透明的物質,產生彎曲或折射,然後被視網膜感知,接著向大腦發出神經訊號。角膜、水晶體、房水和玻璃狀液(液體)等透明的組織具備一個特點:在整個人體中,它們的血液分布最少,這樣是為了使光阻降到最低。透過簡單的擴散或滲透,角膜就能獲得淚液中的養分和空氣中的氧;水晶體則從周圍的液體中獲得這些物質。

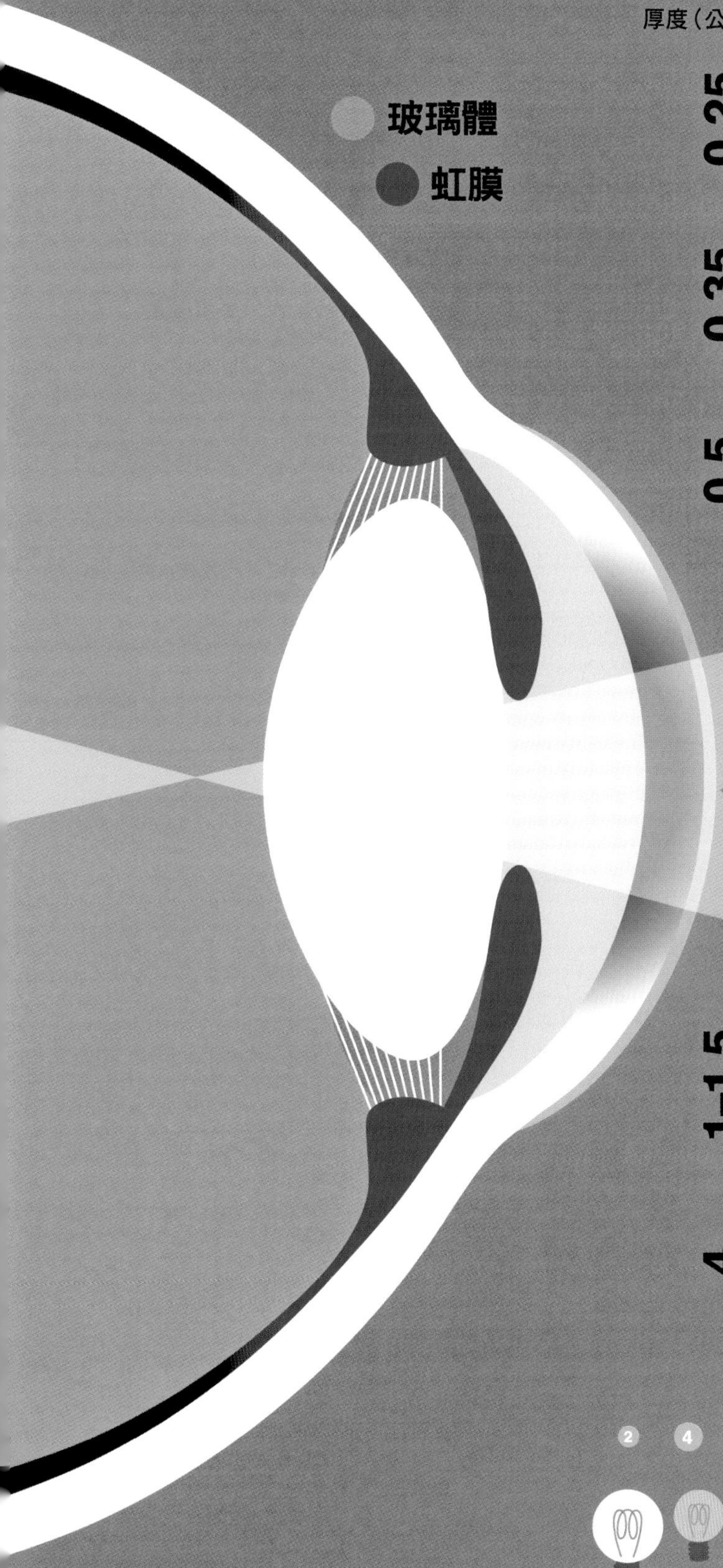

玻璃體

虹膜

厚度（公釐）▼

0.25

結膜
敏感的眼睛覆蓋物，經常以淚液和眨眼沖洗眼睛。

0.35

視網膜
眼內的感光層。

0.5

角膜
眼部前方的透明半球體。

眼睛看到一個30公尺遠的物體所需的時間（秒）

← **0.000,000,1** →

（1秒鐘的一千萬分之一）

1-1.5

房水
在角膜和水晶體之間的液體，位在虹膜兩側。

4

水晶體
具有彈性，可以讓光線準確聚焦在視網膜上。

瞳孔

虹膜中心的孔（直徑）。

 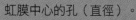

光線越黯淡，瞳孔開得越大。

視網膜內部

透過一個面積不超過拇指指甲大小的區域，我們能感知到這個世界上多彩多姿、立體、不斷移動的景象。視網膜中包含了感應光線的錐細胞和桿細胞、從這兩種細胞出發的神經纖維、一層能夠獲取這些纖維中網絡的訊息的神經細胞、3層會進一步處理這些訊息的神經細胞，還有一個分支血管網為以上這些提供氧氣和營養。這裡有個顯而易見的問題，那就是：錐細胞和桿細胞幾乎都位於視網膜的底部，所以光線必須透過所有其他結構，才能到達，造成了很多障礙和陰影。我們可以把這當成一種「設計上的失誤」，不過，處理訊息的神經細胞層和大腦能迅速適應，變得善於推斷那裡可能會有什麼，從而填補視覺空白。

眼睛和電視螢幕

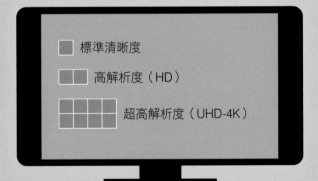

標準清晰度

高解析度（HD）

超高解析度（UHD-4K）

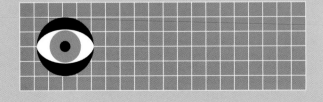

100萬個視覺單位

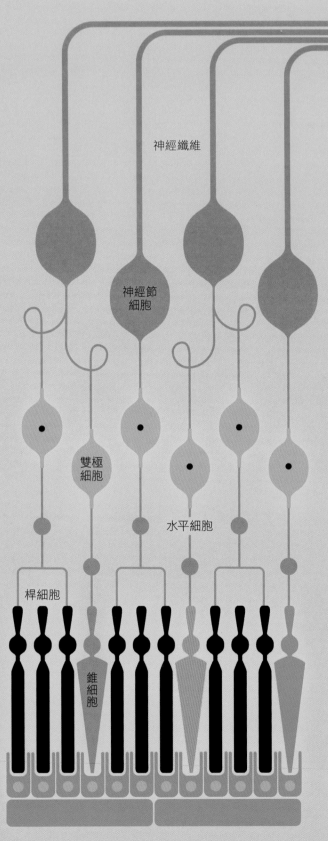

神經纖維

神經節細胞

雙極細胞

水平細胞

桿細胞

錐細胞

找到你的盲點！

每個人都有盲點，它是一個位於視網膜背面的點，此處約有100萬個神經節細胞的神經纖維聚集起來，由此離開視網膜組成視神經。這裡沒有桿細胞和錐細胞，所以就相當於是「盲點」。

閉上你的右眼，用左眼看著十字。看著十字的時候，把這一頁向前、向後移動，直到眼睛看不見十字為止。

用同樣的方法嘗試看這個圖。當十字消失時，黑色的線會發生什麼變化？

當眼睛被顏色圍繞的時候，會發生什麼變化？

當眼睛被點圍繞的時候，會發生什麼變化？

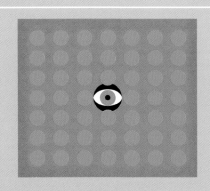

97

從眼睛到大腦

眼睛所看到的,只是大腦所看到的一部分。我們其實是活在過去,因為在視網膜上的桿細胞和錐細胞對光線做出反應之後,直到大腦感知到它們透過神經訊號呈現的圖像,在這兩個步驟之間,時間差大約有50至100毫秒(0.05至0.1秒)。會這樣延遲的部分原因是,訊號必須穿過視網膜錯縱連結的細胞,沿著視神經前行,通過大腦的視交叉(交換)和神經路徑,到達腦後下方的主要視覺中樞,然後被「共享」到不同的附屬中樞,每一部分分別檢查各自的視覺景象。根據這些所有的訊息,大腦會再構建自己的虛擬現實景象,快速地前後回顧、分析和推測、協調和連結,一直忙個不停,只可惜在時間上總是稍有延遲。

視野

左右運動(側向運動)

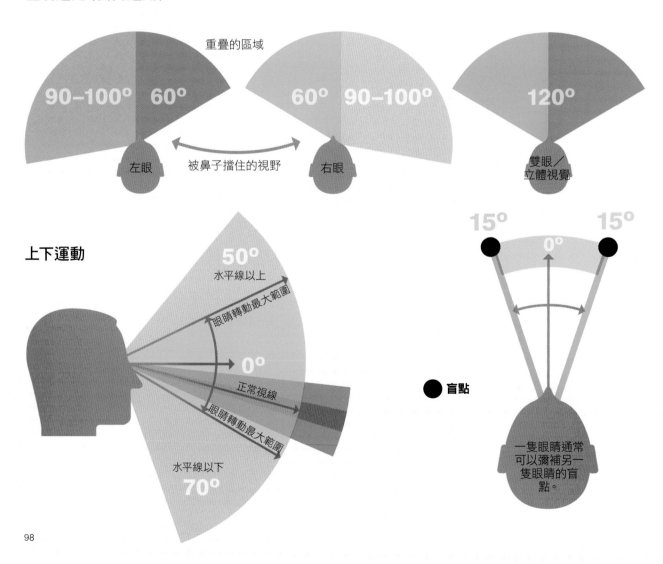

重疊的區域

90–100° 60°   60° 90–100°   120°

左眼   被鼻子擋住的視野   右眼   雙眼／立體視覺

上下運動

50°
水平線以上
眼睛轉動最大範圍
0°
正常視線
眼睛轉動最大範圍
水平線以下
70°

15°   15°
0°

● 盲點

一隻眼睛通常可以彌補另一隻眼睛的盲點。

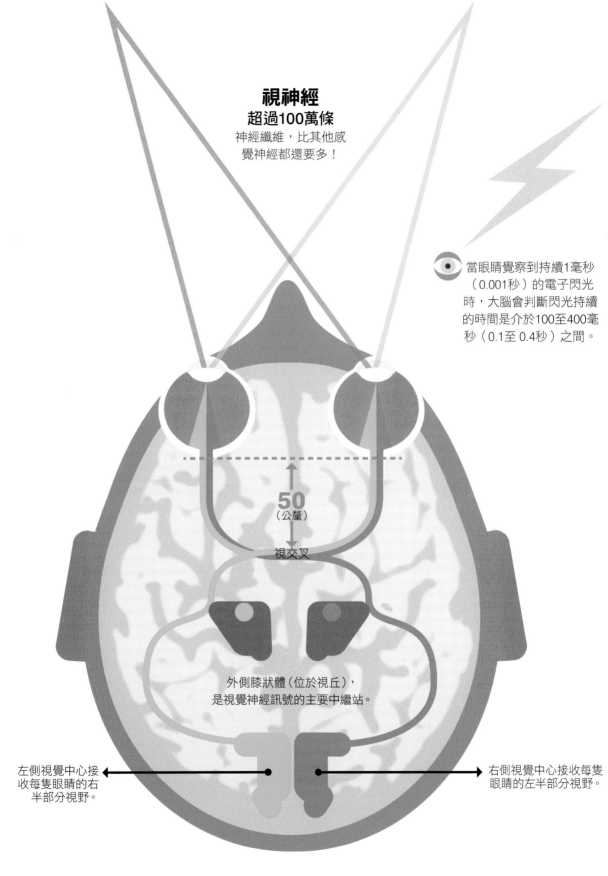

視神經
超過100萬條
神經纖維，比其他感
覺神經都還要多！

當眼睛覺察到持續1毫秒
（0.001秒）的電子閃光
時，大腦會判斷閃光持續
的時間是介於100至400毫
秒（0.1至 0.4秒）之間。

50
（公釐）

視交叉

外側膝狀體（位於視丘），
是視覺神經訊號的主要中繼站。

左側視覺中心接
收每隻眼睛的右
半部分視野。

右側視覺中心接收每隻
眼睛的左半部分視野。

聽覺

世界充滿了聲音，我們透過一個只有10公釐高的小小蝸牛狀部位，感知到這些聲音。這個部位位於內耳深處，小到可以輕易放在一片小小的指甲上。耳蝸透過鼓膜和聽骨接收來自空氣的振動，並把它們轉換成神經電子訊號。它的關鍵組成元件是一排內毛細胞，約有3500個，沿著一片柔韌的薄膜（即基底膜）排列，蜿蜒在耳蝸內。當基底膜振動時，這些細胞頂端的纖毛（嵌在其上方一個果凍狀的「屋頂」裡）會彎曲扭動，而這些超級細微的運動讓毛細胞產生神經訊號，一路沿著聽覺神經抵達大腦聽覺中樞，不斷放大。

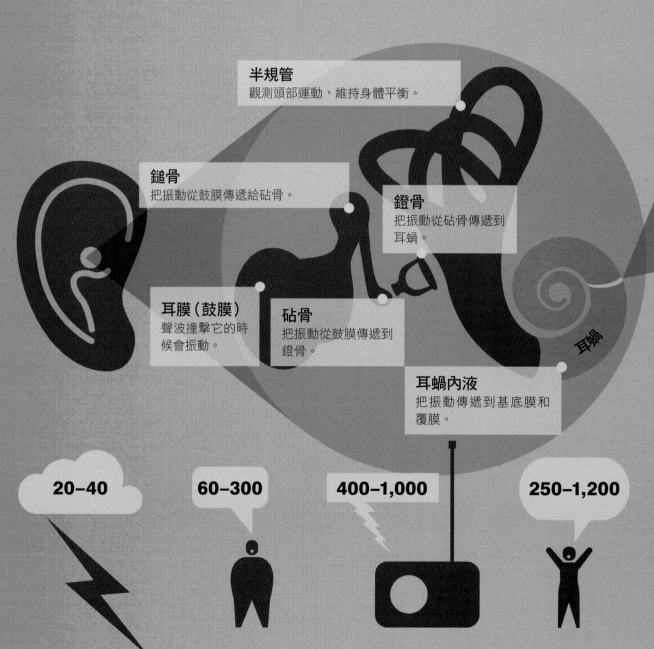

半規管
觀測頭部運動，維持身體平衡。

鎚骨
把振動從鼓膜傳遞給砧骨。

鐙骨
把振動從砧骨傳遞到耳蝸。

耳膜（鼓膜）
聲波撞擊它的時候會振動。

砧骨
把振動從鼓膜傳遞到鐙骨。

耳蝸

耳蝸內液
把振動傳遞到基底膜和覆膜。

20-40

60-300

400-1,000

250-1,200

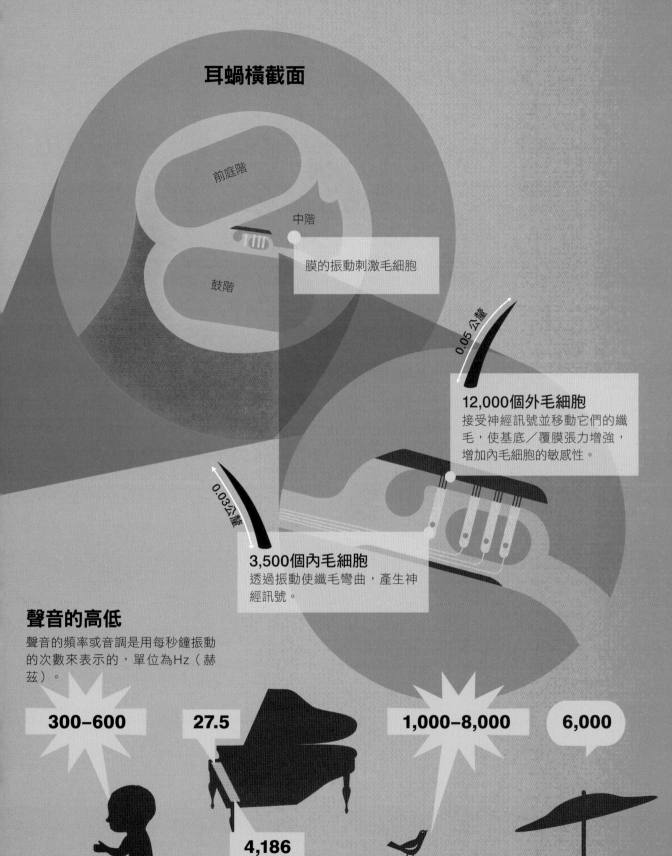

耳蝸橫截面

前庭階

中階

膜的振動刺激毛細胞

鼓階

0.05公釐

12,000個外毛細胞
接受神經訊號並移動它們的纖毛，使基底／覆膜張力增強，增加內毛細胞的敏感性。

0.03公釐

3,500個內毛細胞
透過振動使纖毛彎曲，產生神經訊號。

聲音的高低

聲音的頻率或音調是用每秒鐘振動的次數來表示的，單位為Hz（赫茲）。

300–600

27.5

1,000–8,000

6,000

4,186

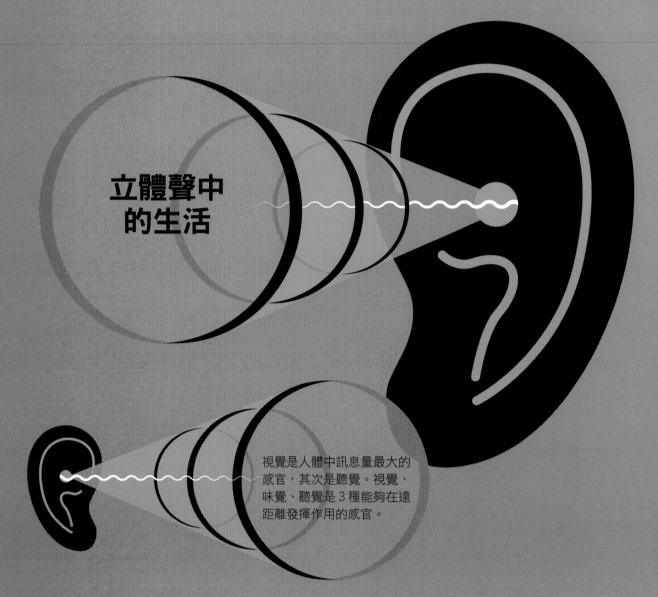

立體聲中的生活

視覺是人體中訊息量最大的感官，其次是聽覺。視覺、味覺、聽覺是 3 種能夠在遠距離發揮作用的感官。

聲音的速度

1英里

秒 ▶ 1 2 3 4 5

1公里

340 公尺

聲音的速度比光速慢100萬倍，所以耳朵可以透過延遲系統來判斷方位和距離。它判斷的依據是兩耳之間的間隔，這是指從一側來的聲音（例如音樂），到達較近耳朵的時間，會比到達較遠耳朵的時間要快0.001秒。從較遠的耳朵聽起來，這些聲音也會比較小和模糊。然而，腦的聽覺中樞幾乎在一瞬間就能感知到這一切，然後指示頸部肌肉要把頭轉向哪一側，來面對音樂傳來的方向。

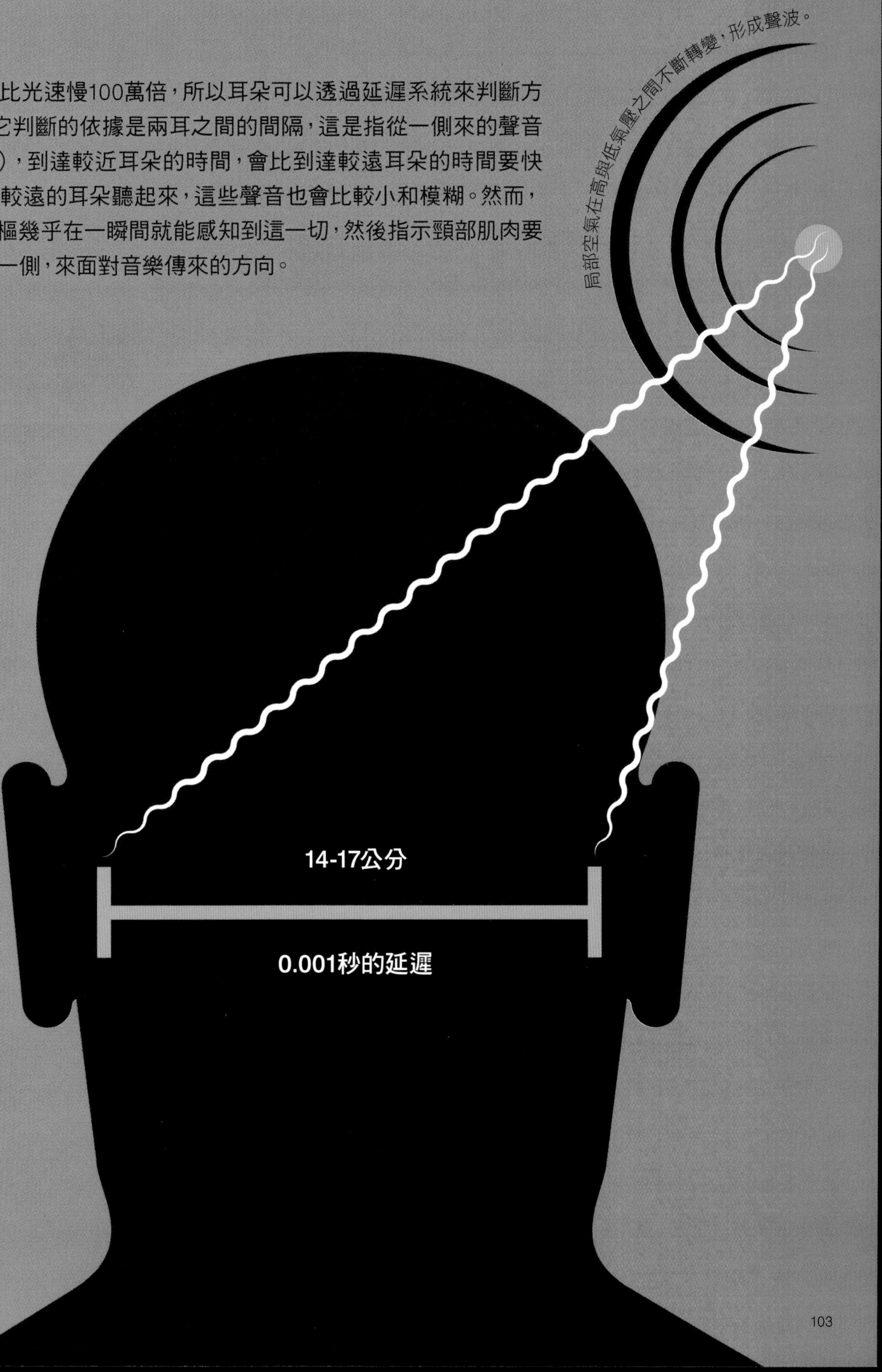

局部空氣在高與低氣壓之間不斷轉變，形成聲波。

14-17公分

0.001秒的延遲

越來越大聲

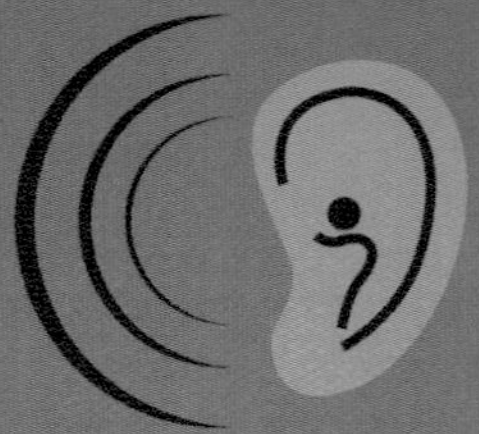

聲音的強度用分貝（dB）表示，分貝的增加並不是等距逐步增加，而是以10的指數級增長。

也就是說，20分貝聲音的強度，是10分貝聲音的10倍（而非兩倍）；30分貝聲音的強度，是10分貝聲音的100倍（而非3倍）……以此類推。

170

必定造成聽力損傷

140

距離30公尺遠的噴射飛機引擎聲

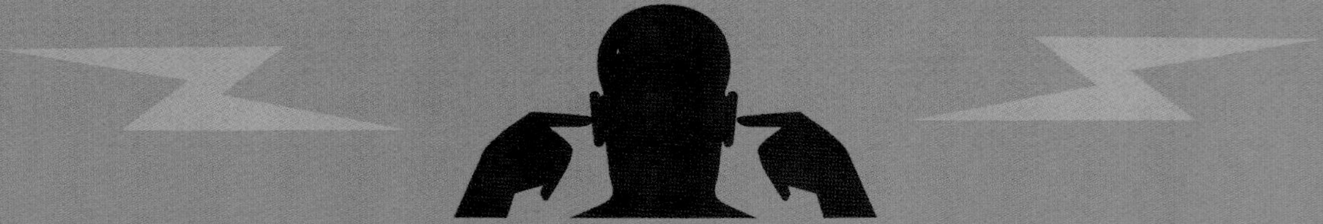

120

耳朵可能會痛

110

喧鬧的音樂會、附近的雷聲

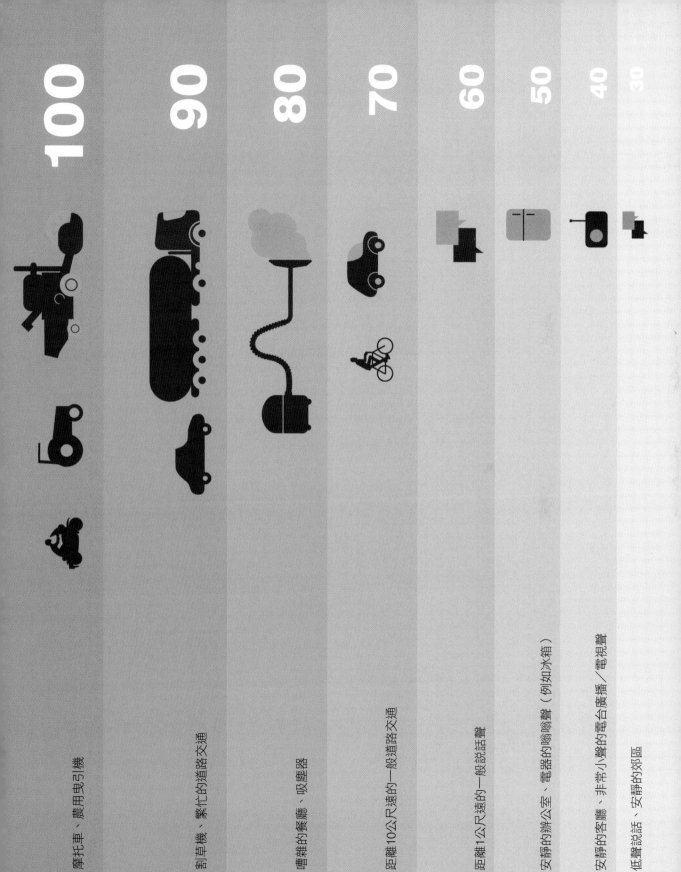

100 摩托車、農用曳引機

90 割草機、繁忙的道路交通

80 嘈雜的餐廳、吸塵器

70 距離10公尺遠的一般道路交通

60 距離1公尺遠的一般說話聲

50 安靜的辦公室、電器的隱隱聲（例如冰箱）

40 安靜的客廳、非常小聲的電台廣播／電視聲

30 低聲說話、安靜的郊區

105

嗅覺

嗅覺是訊息量豐富程度排名第三的非接觸式感官。它所傳遞的訊息包括：空氣中可能具有危險的蒸汽和氣體，以及關於食品、飲料、植物、動物和其他人的氣味——有好的，也有壞的。氣味會帶來強烈的快感，但也會引起劇烈的反應，比如嘔吐。相較於其他感官，嗅覺和大腦中與記憶、情緒相關的部分，有著與生俱來的連結，這就是為什麼氣味和香氣能激發如此強烈的感情。

3

嗅覺上皮
這一區域位於鼻腔頂部，在每側鼻腔中的面積是3平方公分，含有500萬～1000萬個嗅覺細胞（嗅覺受器神經元）。它會產生液體，使氣體分子溶解於此，並覺察氣味。

食物體驗
味覺和嗅覺是獨立的感覺系統，然而在我們的意識與感知活動中，這兩種感官又緊密結合，創造出每一口食物的「食物體驗」。以下是對「食物體驗」的大致貢獻率（％）：

15 記憶

15 味覺

60 嗅覺

10 當下的環境

鼻腔
鼻腔被鼻中膈軟骨分為左、右兩半。鼻腔黏膜能溫暖、溼潤、過濾空氣中的微粒。鼻甲是隆起的骨頭，可以把氣流引導到嗅覺上皮。

2

1

氣味分子
空氣裡懸浮著無形的氣味微粒（主要是分子），它們藉由不同的大小、形狀和電荷，攜帶著不同的訊息，沿著鼻腔的鼻前嗅覺途徑移動；來自口中的食物／飲料的氣體微粒，則沿著顎後方的鼻後嗅覺途徑移動。

5 嗅細胞的神經纖維

神經纖維彙集成20~30束，穿過篩板（在頭顱中，篩骨上的一塊孔狀區域I），把神經訊號傳遞給嗅球。它們（有時會與嗅球和嗅神經束一起）被稱為嗅神經，也叫第I（1）對顱神經。

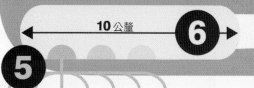

10公釐

5
6

6 嗅球

前腦這個葉片狀的延伸部分，由 5 個主要的細胞層組成，針對從嗅覺細胞傳來的神經訊息進行解碼、過濾、整合、增強和加工等處理。

4

嗅覺受體

它們是位於嗅覺細胞外表面的分子，接觸到適宜的氣體分子後就會被刺激，也就是所謂的「鎖鑰」機制。嗅覺受器細胞產生神經訊號，訊號會沿著神經纖維傳遞到嗅球。

7 ## 嗅徑
連接嗅球和腦的神經纖維。

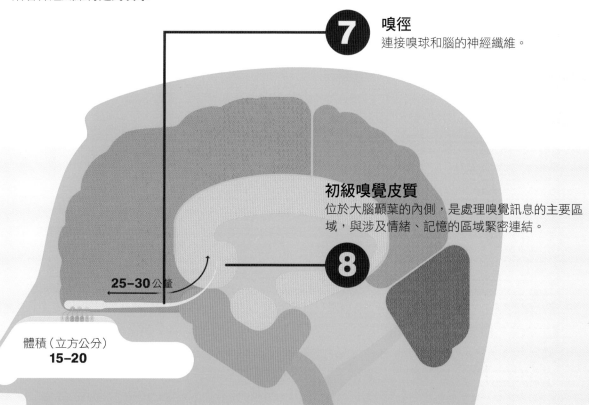

初級嗅覺皮質

位於大腦顳葉的內側，是處理嗅覺訊息的主要區域，與涉及情緒、記憶的區域緊密連結。

8

25–30公釐

體積（立方公分）
15–20

最佳的味道

根據日常經驗，味覺和嗅覺形影不離地交織在一起，尤其是在品嘗美食的時候。然而，味覺是一個獨立的感覺系統，它遠遠不如表面所見那麼單純。它從主要感受器（即味蕾）中獲得的神經訊號，只提供了一部分與「味道」相關的訊息；其他非味覺的特性，如熱／冷和實質性結構（粗糙、光滑、柔軟），也會大幅增強食物的整體感覺印象。研究人員發現，就複雜程度而言，識別味道與辨認氣味近似。眾多味覺受體在受到多種味覺物質（刺激味蕾的物質）的刺激後，會以多種不同的速率，往大腦傳送多種神經訊號。透過各種解碼過程與模式識別，大腦就會收到關於味覺訊息的結果。祝你有好胃口！

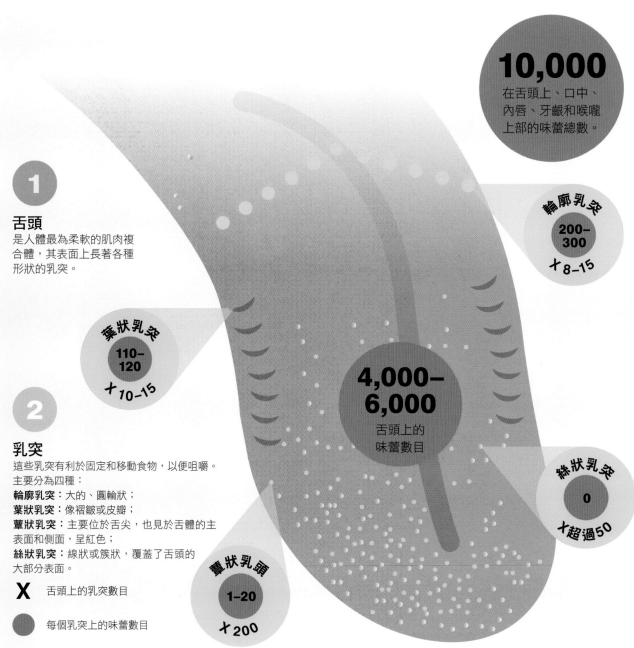

10,000
在舌頭上、口中、內唇、牙齦和喉嚨上部的味蕾總數。

1

舌頭
是人體最為柔軟的肌肉複合體，其表面上長著各種形狀的乳突。

輪廓乳突
200-300
X 8-15

葉狀乳突
110-120
X 10-15

4,000-6,000
舌頭上的味蕾數目

2

乳突
這些乳突有利於固定和移動食物，以便咀嚼。
主要分為四種：
輪廓乳突：大的、圓輪狀；
葉狀乳突：像褶皺或皮瓣；
蕈狀乳突：主要位於舌尖，也見於舌體的主表面和側面，呈紅色；
絲狀乳突：線狀或簇狀，覆蓋了舌頭的大部分表面。

X 舌頭上的乳突數目

● 每個乳突上的味蕾數目

絲狀乳突
0
X超過50

蕈狀乳頭
1-20
X 200

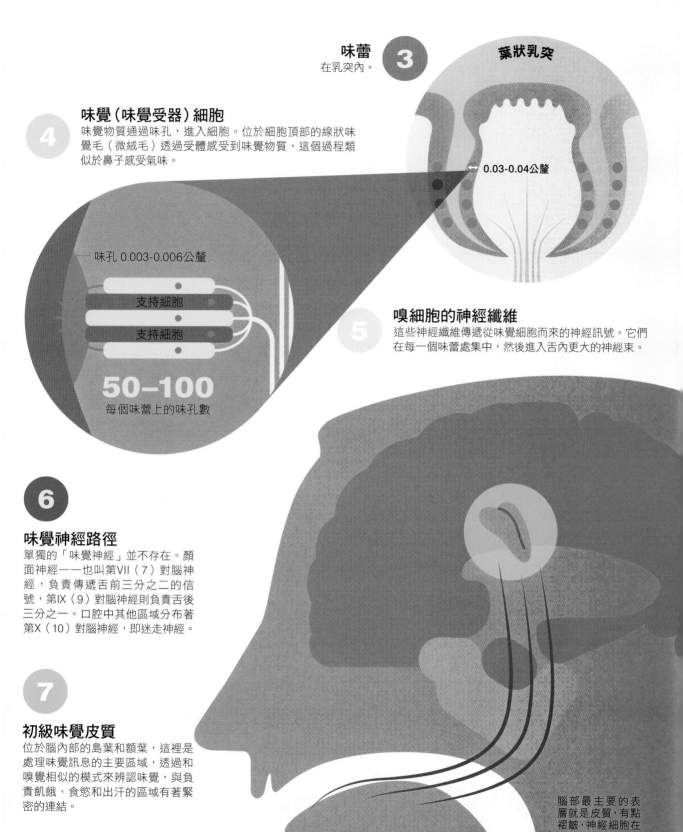

味蕾 ③
在乳突內。

葉狀乳突

味覺（味覺受器）細胞 ④
味覺物質通過味孔，進入細胞。位於細胞頂部的線狀味覺毛（微絨毛）透過受體感受到味覺物質，這個過程類似於鼻子感受氣味。

← 0.03-0.04公釐 →

味孔 0.003-0.006公釐

支持細胞

支持細胞

50–100
每個味蕾上的味孔數

嗅細胞的神經纖維 ⑤
這些神經纖維傳遞從味覺細胞而來的神經訊號。它們在每一個味蕾處集中，然後進入舌內更大的神經束。

6

味覺神經路徑
單獨的「味覺神經」並不存在。顏面神經——也叫第VII（7）對腦神經，負責傳遞舌前三分之二的信號，第IX（9）對腦神經則負責舌後三分之一。口腔中其他區域分布著第X（10）對腦神經，即迷走神經。

7

初級味覺皮質
位於腦內部的島葉和額葉，這裡是處理味覺訊息的主要區域，透過和嗅覺相似的模式來辨認味覺，與負責飢餓、食慾和出汗的區域有著緊密的連結。

腦部最主要的表層就是皮質，有點褶皺，神經細胞在此相互連結。

皮膚和表面的感受器

這些感受器是特殊化的神經末梢,被視為單個細胞,每個細胞會發出一條神經纖維。

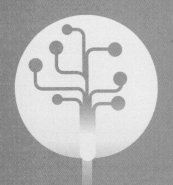

20–100
克氏小體
溫度變化,特別是對冷的感覺。

威廉·克勞斯
(德國,1833—1910)

5–20
莫氏細胞
輕微的觸覺、壓覺,有稜有角的
外觀(例如物體的邊緣)。

弗雷德里希·莫克爾
(德國,1845—1919)

100–300
梅氏小體
輕觸覺,緩慢的振動,表面的質地。

喬治·梅斯納
(德國,1829—1905)

觸覺

我們能看到的皮膚表層,實際上是已經死掉的細胞,用於承受磨損和保護皮膚,不過在它們下方就是數百萬個感覺細胞。光用「觸覺」一詞實在無法完整形容,因為按照接觸的類型,就可分為粗糙或光滑、潮溼或乾燥、硬或軟、溫熱或涼爽……等,這些都是從6種主要感覺細胞的大量神經訊號中收集而來。訊號經過遍布全身的神經網絡,到達大腦表層的一個條狀區域,即觸覺中心(正式的名稱叫作感覺皮質),神經訊號會在這裡變成有意識的感覺。

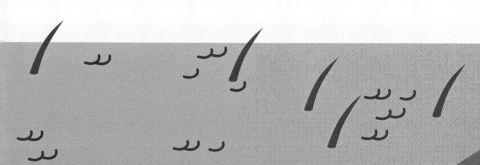

大小的單位為 μm（微米），1μm＝0.001 公釐

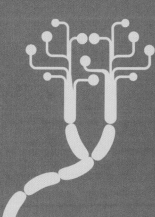

100–500
魯氏小體
緩慢作用、持續存在的壓力，
以及溫度變化，特別是變熱。

安吉洛・魯斐尼
（義大利，1864—1929）

500–1,200
巴氏小體
快速的振動，強大的壓力。

菲利波・巴齊尼
（義大利，1812—1883）

游離神經末梢
各種形式的觸覺、溫
度變化、疼痛。

為什麼叫這些名字？
這幾種皮膚感受器的名字，都是來自19
世紀的解剖學家、生物學家或相關領域
的科學家，他們在顯微鏡下發現了這些
感受器，並加以研究。

內部感覺

假如不盯著看，你會知道自己的手臂和腿在做什麼嗎？它們是交叉著、盤起來、伸直、彎曲、靜止不動，還是正在動？意識到身體部位的位置、姿勢和動作，這稱為「本體感覺」。我們很少會想到這種感覺，但在日常生活的每分每秒中，它所傳達的訊息卻至關重要。本體感覺的輸入端是各種微小的感覺器官和神經末梢，稱為機械性受器（對實質性力量有反應的受器）。它們在器官和組織中幾乎無處不在，特別是肌肉、肌腱，還有關節內的韌帶及關節囊。有些感受器與皮膚中的感受器類似，如魯氏小體和巴氏小體（見111頁）。就像皮膚的觸覺訊息傳遞過程，這些本體感受器把訊號沿著神經發送到大腦，在這裡與其他感覺訊息進行整合，讓人意識到身體每一個部位的位置和移動情況。

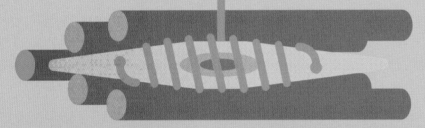

肌梭

一塊肌肉的主體是肌腹，內含幾十至幾百個肌梭，它們能對長度變化做出反應，感知到擠壓（壓力）和拉伸（張力）。

0.5–1 公釐

關節囊本體感受器

位於關節囊，是骨端周圍的纖維套管，類似於皮膚中的魯氏小體和巴氏小體。

0.1–1 公釐

神經肌腱肌梭
（高爾基肌腱器官）

位於連接肌肉和骨的肌腱中。肌肉收縮時，會應對擠壓（張力）變化。

0.1–1 公釐

韌帶本體感受器

位於關節裡連接骨頭具彈性的韌帶中，類似於皮膚中的魯氏小體和巴氏小體。

本體感覺的測試

試著進行以下測試，體驗看看內部感覺的重要。

但請注意：
- 第一次先快速做測試，不要做太多準備或思考。
- 第二次慢慢做，把注意力集中到你手臂和手的位置。
- 接下來每做一次，都盡量嘗試將注意力更精準集中在本體感覺上。

1 把胳膊和手伸直，向前平舉。

2 閉上眼睛。

3 用左手的拇指和其他手指，輪流觸摸鼻尖。

4 用右手做相同的動作。

你需要：

1 坐在桌子前，用一隻手按住一張紙。

2 閉上眼睛，在你進行這項測試時，全程都要閉著眼睛。

3 用另一隻手拿著鉛筆，在紙上畫一個X。

4 把按紙的手和拿筆的手交換。

5 在紙上畫第二個X，盡可能接近第一個X。

6 睜開你的眼睛。

維持平衡

平衡有時被稱為神秘的「第六感」。從某種角度而言，平衡確實與感官有關——實際上，幾乎所有主要的感覺過程，再加上其他位於耳朵深處的感覺，都包含在內。耳朵裡的這些結構統稱為前庭系統，以內耳的前庭腔（包含3個半規管分支、橢圓囊和球囊）為基礎。它們有極其微小的感受器，例如其中有囊斑和壺腹。與聽覺的耳蝸相似，在前庭的感受器內的毛細胞，其纖毛受到刺激後，會發出一連串神經訊號傳往大腦。不過，平衡是一個更加廣泛並且持續變化的運作，一方面不斷接收來自眼睛、皮膚和本體感覺感受器的訊息，另一方面配合身體不斷發出的、控制肌肉活動的訊息（例如使眼睛轉動的肌肉、讓腿靜止的肌肉），將兩方面的訊息統合起來。

內耳

頭部動作會造成內耳中的液體使位於前庭腔的半規管、
囊斑頂部的毛細胞發生彎曲。

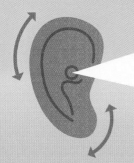

半規管、橢圓囊和球囊：

半規管頂部

橢圓囊斑

球囊斑

眼睛

記錄水平和垂直方向。

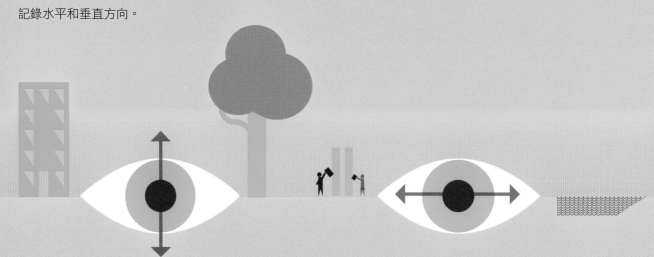

本體感受器

壓力和張力感受器存在於：

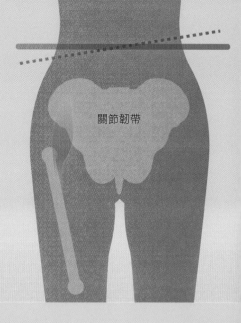

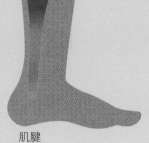

肌腱

關節韌帶

肌肉

皮膚

感受壓力，比如用手和手臂往前推，或者以腳跟或腳尖踩在地上。

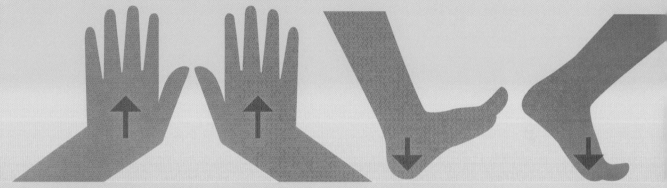

耳朵

感知傳來的聲音和反射的聲音。

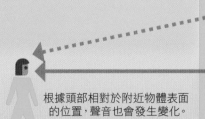

根據頭部相對於附近物體表面
的位置，聲音也會發生變化。

產生理解

每種主要的感官都會把神經訊號發送到大腦皮質上各自的區域（大腦皮質就是腦部一層薄薄的外表層）。在這個過程中，這些神經訊號及其傳達的訊息要經歷許多處理、解碼、分析和共享的步驟。一旦訊息傳至腦皮質，也會傳達給其他負責記憶、識別、命名、聯想、情緒、決定和反應的感覺中心，進行整合。這就是為什麼與童年時期經驗過的類似香味，會讓人想起很久以前的場景、聲音、味道、感覺，甚至回憶起整個場景，比如：松樹林、海邊的浪花、主題公園的小吃、嬰兒吐出的奶……

腦葉

自古以來，在解剖構造的領域中，大腦主體部分（也就是大腦半球）的腦葉就已經為人所知了。每個腦葉以很深的腦裂或腦溝為分界。

額葉	• 有意識的思考·自我覺察 • 決定·性格·記憶 • 嗅覺和說話相關的區域 • 規劃和控制動作
中央溝	分隔額葉和頂葉
頂葉	• 協調感覺訊息 • 立體視覺區 • 各種觸覺 • 味覺·說話 • 本體感覺
外側溝（裂）	把額葉、頂葉與顳葉分隔
緣葉	• 情緒 • 記憶 • 經歷
頂枕溝	分隔頂葉和枕葉
枕葉	• 視覺及相關特性 • 感覺協調 • 記憶
顳葉	• 聽覺 • 味覺和視覺方面 • 感覺訊息的協調 • 說話 • 語言·短期和長期記憶

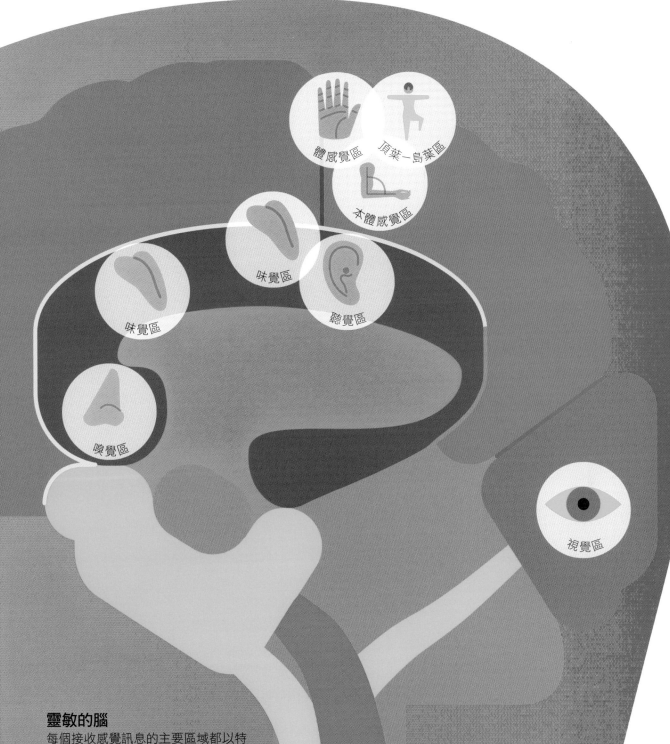

體感覺區　　頂葉－島葉區

本體感覺區

味覺區

聽覺區

味覺區

嗅覺區

視覺區

靈敏的腦

每個接收感覺訊息的主要區域都以特
定的腦葉為分界。奇怪的是,腦部
表面本身不含觸覺細胞和其他感覺
細胞,因此,如果戳它一下或刺激一
下,腦是沒有感覺的(雖然意識可能
會受到影響)。

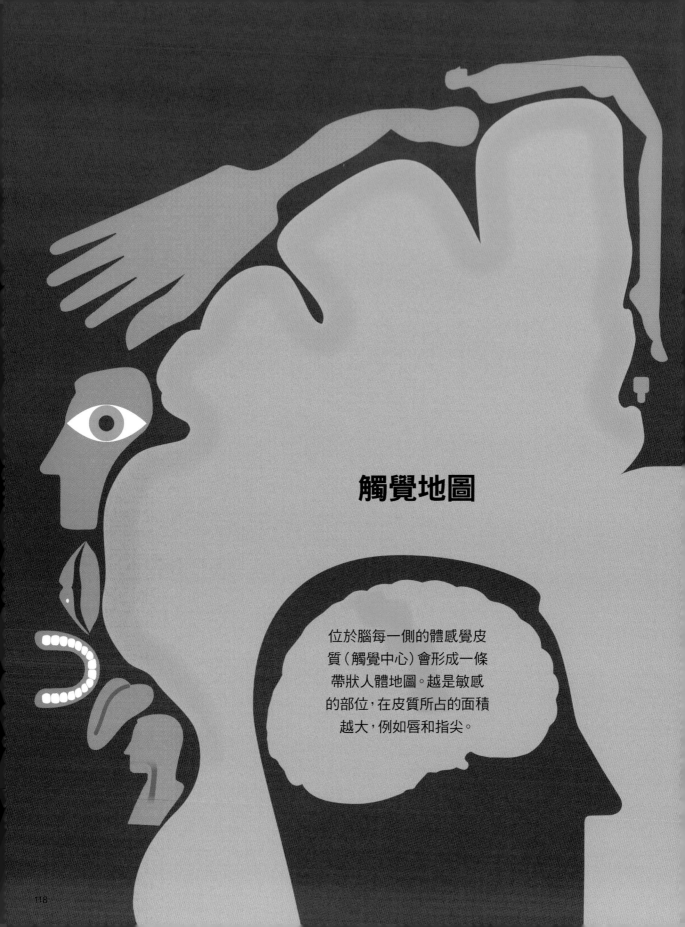

觸覺地圖

位於腦每一側的體感覺皮質（觸覺中心）會形成一條帶狀人體地圖。越是敏感的部位，在皮質所占的面積越大，例如唇和指尖。

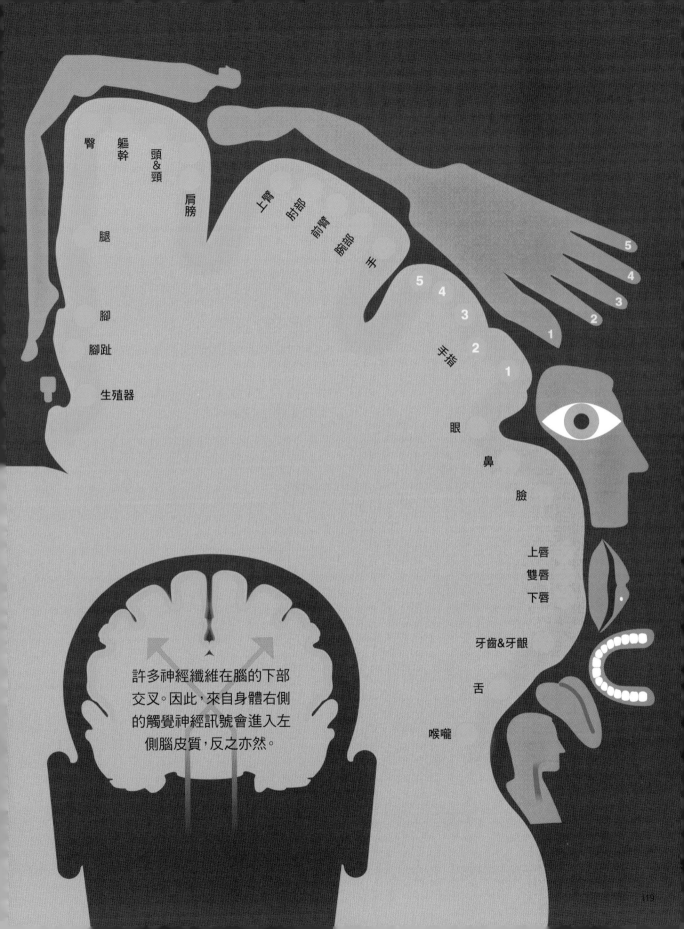

臀
軀幹
頭&頸
肩膀
上臂
肘部
前臂
腕部
手

腿

腳
腳趾

生殖器

5
4
3
2
1
手指

眼

鼻

臉

上唇
雙唇
下唇

牙齒&牙齦

舌

喉嚨

5
4
3
2
1

許多神經纖維在腦的下部交叉。因此,來自身體右側的觸覺神經訊號會進入左側腦皮質,反之亦然。

人體的協調系統
COORDINATED BODY

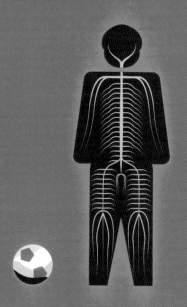

顏面神經
顳神經
膈神經

腦

脊髓

感覺緊張

人體內，總共有幾十億個個細胞、幾百個個組織和幾十個個器官，構成一個和諧的整體，一起運作——但這是怎麼進行的呢？這是因為人體內有兩大「協調—控制—指揮」系統，遍布我們的全身：神經系統和內分泌系統。第一個系統主要是透過微小的電子訊號，沿著類似電線的神經快速前進，藉此運作；第二個系統則以叫作荷爾蒙（又稱激素）的化學物質為基礎。腦就是這兩個系統的中心。

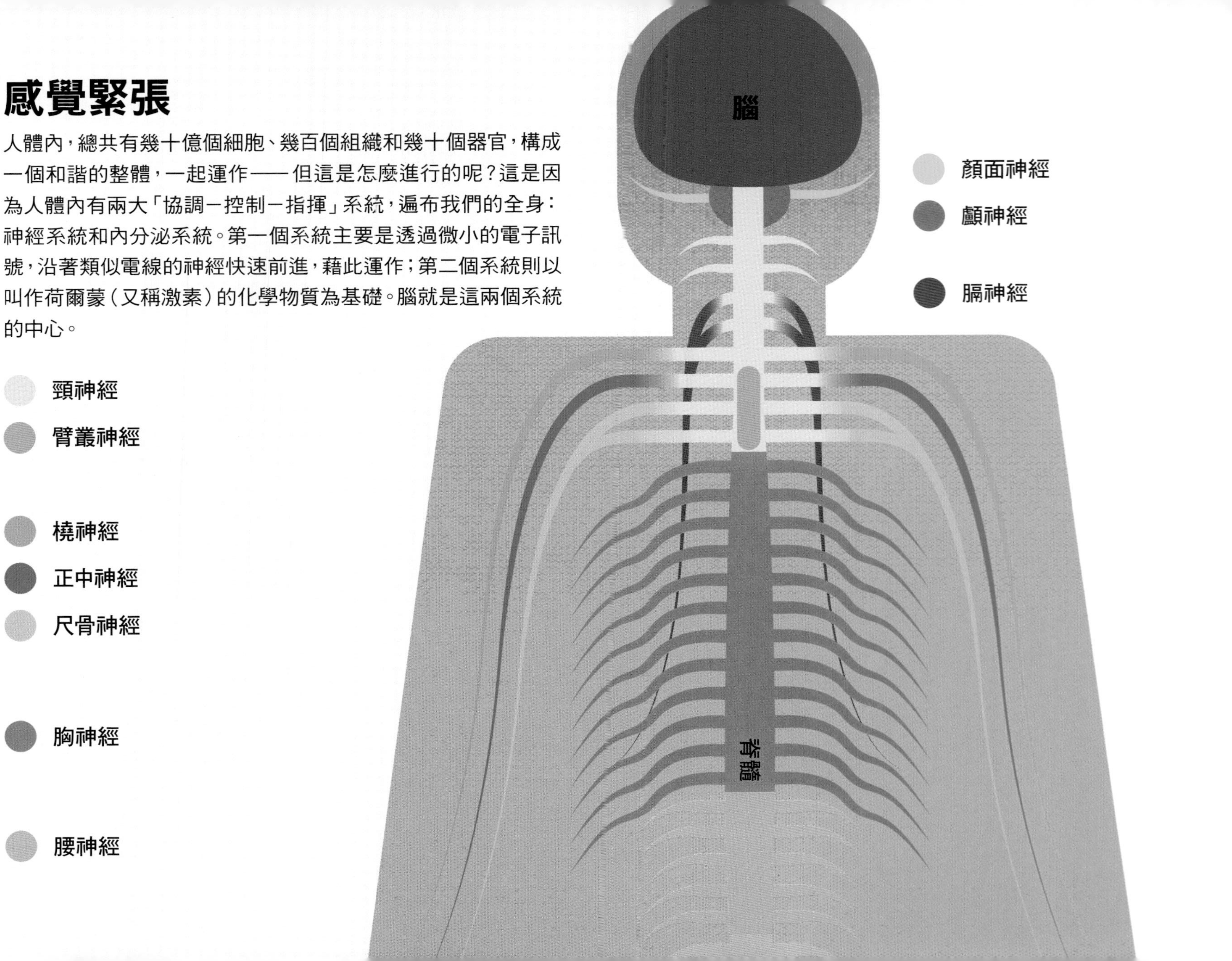

頸神經
臂叢神經
橈神經
正中神經
尺骨神經
胸神經
腰神經

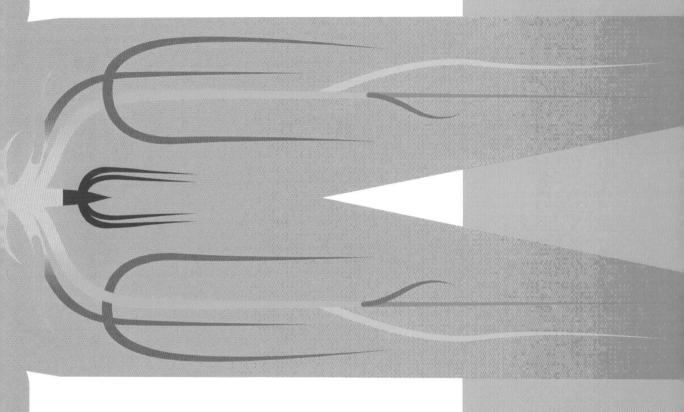

神經圖

神經是從腦或脊髓發展出分支所形成，接著又
不斷再發展出更細的分支，與身體各部位連接，
最後變成細得只有在顯微鏡下才看得到。

薦神經
臀神經
陰部神經
坐骨神經
股神經

腓神經
腓骨神經
脛神經

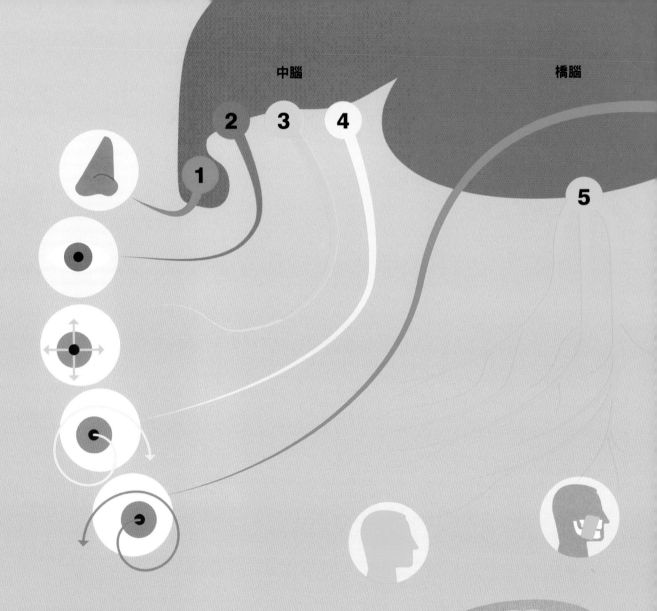

中腦　　　　　　　　　　橋腦

滿腦子的神經

有43對神經（左右側）自腦和脊髓出發，形成分支，再進入身體。這些神經中，有12對是直接從腦出發，稱為腦神經；其他31對從脊髓出發，稱為脊神經。腦神經將訊息從主要感官傳遞到大腦，再把訊號從大腦傳遞到臉部、頭部和頸部的肌肉——在有些情況下，也會傳遞到心臟、肺部和胃部的肌肉。

運動神經：訊號從大腦傳遞到肌肉。 ▽

感覺神經：訊號從感官傳遞到大腦。 △

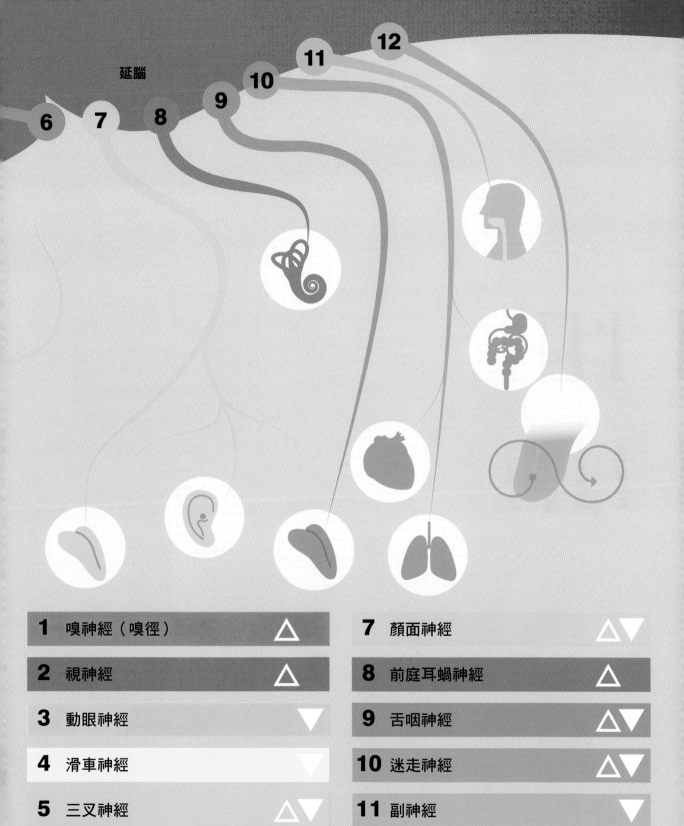

延腦

1 嗅神經（嗅徑）△	**7** 顏面神經 △▽
2 視神經 △	**8** 前庭耳蝸神經 △
3 動眼神經 ▽	**9** 舌咽神經 △▽
4 滑車神經 ▽	**10** 迷走神經 △▽
5 三叉神經 △▽	**11** 副神經 ▽
6 外旋神經 ▽	**12** 舌下神經 ▽

請注意間隙

全身神經所使用的基本通訊系統都相同。這個過程以電子訊號為主，也包括一些化學過程。每一個神經訊號，都是持續時間很短的微小電脈衝，無論是哪一種神經、在什麼時候、在身體的任何部位，都是如此。這個過程所攜帶的訊息，取決於電脈衝前後相接的速度、從哪裡傳來，以及傳到哪裡去。

1 傳入

神經細胞的樹突收集神經訊號，樹突的大小範圍是 0.1~5μm。

2 訊號

也叫動作電位，這是由帶電的粒子（離子）穿過細胞膜產生的。

0.1伏特
1毫秒

4 傳出

產生的訊號沿著軸突（神經纖維）離開細胞本體，軸突直徑範圍為0.2~20μm。

3 整合

神經細胞（神經元）每秒接收的訊號，可能多達數百萬個。某些訊號會加強各式各樣的交互作用，而其他訊號則會抵消這些作用。神經細胞主體大小範圍為5~50μm。

一些神經細胞有

10,000

多個樹突，總計有好幾公分長。

5

增強傳導

許多軸突外側包覆著髓鞘，這些脂肪性髓鞘沿著軸突，呈螺旋狀纏繞在上面。這能加快傳導速度，因為訊號是沿著軸突「跳躍」過去，髓鞘也可以防止訊號減弱並減少訊號漏失。

6

神經連接處

神經細胞之間連接的地方，有個小空隙稱為突觸。每個軸突的末端與下一個神經細胞之間，並不會完全接觸。突觸的間隙平均為0.02μm。

8

繼續前進

另一個神經細胞的樹突或細胞本體會接收訊號。當神經傳遞物質觸發新的電子訊號，訊號就會離開突觸。

0.1毫秒
傳遞時間

7

化學傳遞

一種稱為「神經傳遞物質」的化學物質會傳遞訊號。每個訊號中，含有成千上萬個甚至數百萬個神經傳遞物質分子。

最長的軸突幾乎有1公尺（從腳趾到脊髓）。

1μm＝1微米＝0.001公釐＝0.000001公尺（1公尺的百萬分之一）

重要的連結

脊髓連接了腦和軀幹，它長得長長細細，像地鐵一樣。脊髓發出分支，形成31對脊神經，從脊椎間的關節出發，離開脊髓。透過脊髓，所有的脊神經會把皮膚和體內器官的感覺訊息傳遞到大腦，並把大腦的運動訊號傳遞給肌肉。

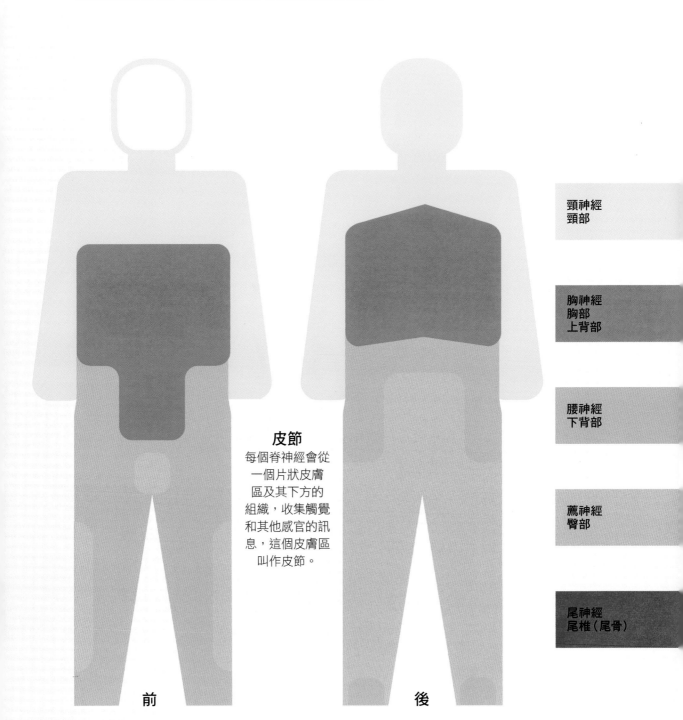

皮節

每個脊神經會從一個片狀皮膚區及其下方的組織，收集觸覺和其他感官的訊息，這個皮膚區叫作皮節。

前　　　　　　　　　　後

頸神經
頸部

胸神經
胸部
上背部

腰神經
下背部

薦神經
臀部

尾神經
尾椎（尾骨）

脊神經
這些神經的名字是來
自與其相鄰的脊椎：

1
2
3
4
5
6
7
8
1
2
3
4
5
6
7
8
9
10
11
12
1
2
3
4
5
1
2
3
4
5
1

反射與反應

通常來說，腦部只能把注意力集中在一個特別重要的任務上，比如說閱讀這本書，或是駕駛一架超音速噴射機。所以，為了不打斷大腦進行任務，身體的許多部分會透過自發性的運動（稱為「反射」），自己打理自己。這些部位透過神經訊號，對某一種刺激（如觸摸）做出反應，這時，神經訊號進入脊髓，然後「短路」似地直接返回肌肉，產生必要的動作，之後如有需要，腦部才會加入參與反應。相對而言，「反應」則是快速、有目的的動作，與大腦有意識的警覺有關，在這個過程中，首先需要腦部覺察到某種狀況、快速思考，並且迅速下達指令以回應刺激。

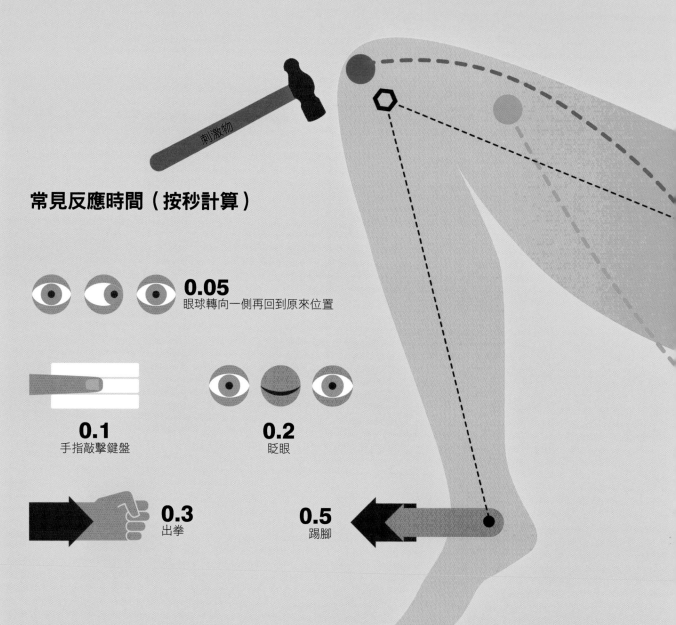

刺激物

常見反應時間（按秒計算）

0.05
眼球轉向一側再回到原來位置

0.1
手指敲擊鍵盤

0.2
眨眼

0.3
出拳

0.5
踢腳

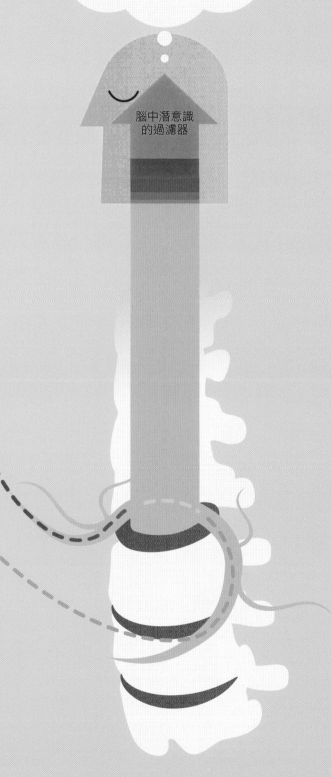

大腦的意識覺察

脑中潛意識
的過濾器

反射是怎麼發生的

身體感受到某種刺激，例如突然的動作、不熟悉的觸摸或疼痛之後，會立即採取行動。這些神經訊號也會進入大腦，大腦會在潛意識中進行過濾，如果這些訊號足夠重要，就會進入意識。

- – – – – 感覺神經
- 聯絡神經
- – – – – 運動神經
- – – – – 轉接至脊髓後上行

大家來找碴

在0.7秒內找出不同的圖案。

在1秒內找出不同的圖案。

交感自主神經系統：
應對緊急情況！

自主神經系統的交感部分會在面臨緊急狀況時，讓人體做好準備，以便採取行動、使用能量和自我保護，這通常稱為「恐懼、戰鬥或逃跑」。荷爾蒙系統也參與了這個過程。脊髓旁的迷走神經和交感神經鏈（神經節）控制著荷爾蒙系統的大部分活動。

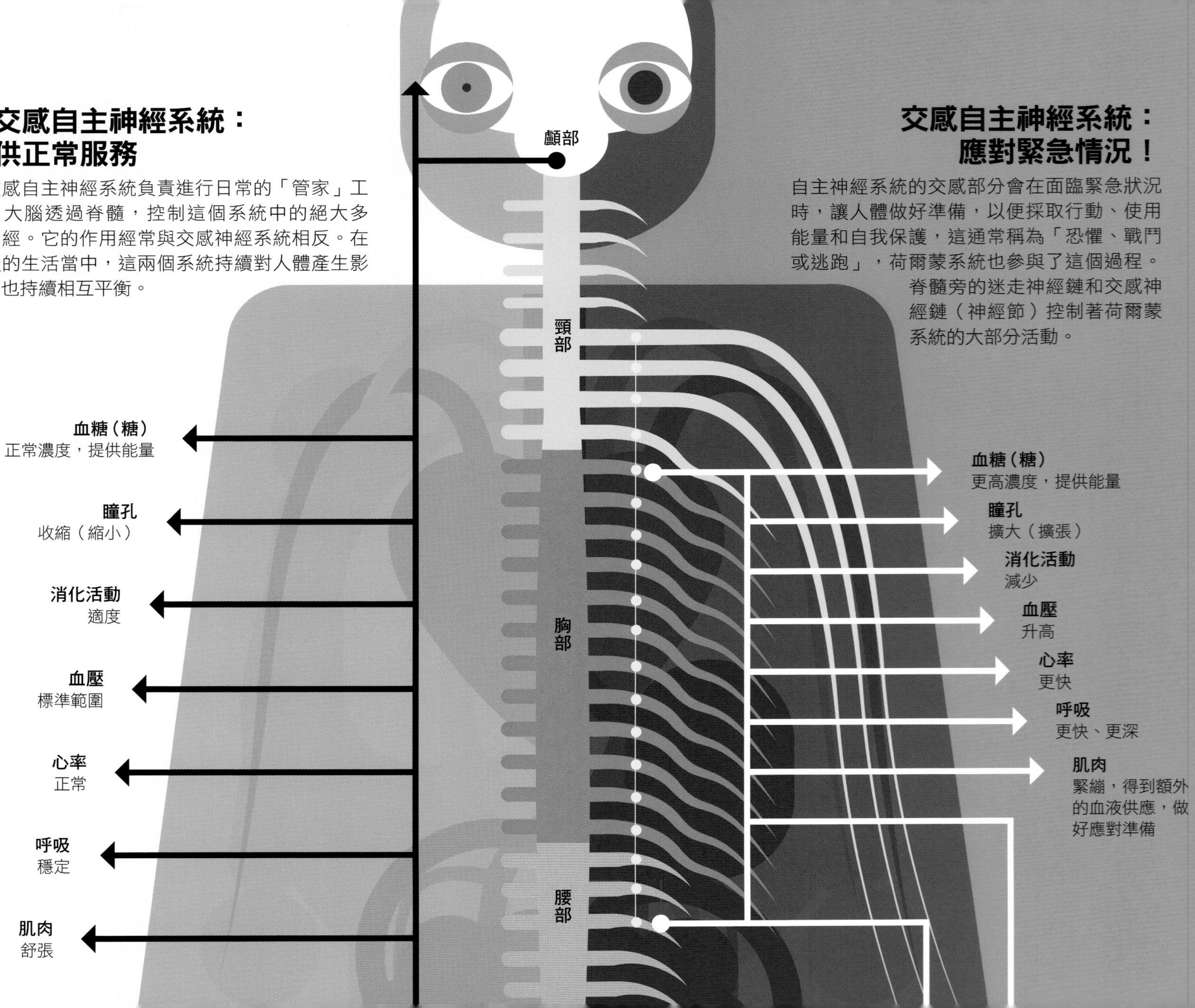

血糖（糖）更高濃度，提供能量

瞳孔 擴大（擴張）

消化活動 減少

血壓 升高

心率 更快

呼吸 更快、更深

肌肉 緊繃，得到額外的血液供應，做好應對準備

顱部

頸部

胸部

腰部

副交感自主神經系統：
提供正常服務

副交感自主神經系統負責進行日常的「管家」工作。大腦透過脊髓，控制這個系統中的絕大多數神經。它的作用經常與交感神經系統相反。在每天的生活當中，這兩個個系統對人體產生影響，也持續相互平衡。

血糖（糖）正常濃度，提供能量

瞳孔 收縮（縮小）

消化活動 適度

血壓 標準範圍

心率 正常

呼吸 穩定

肌肉 舒張

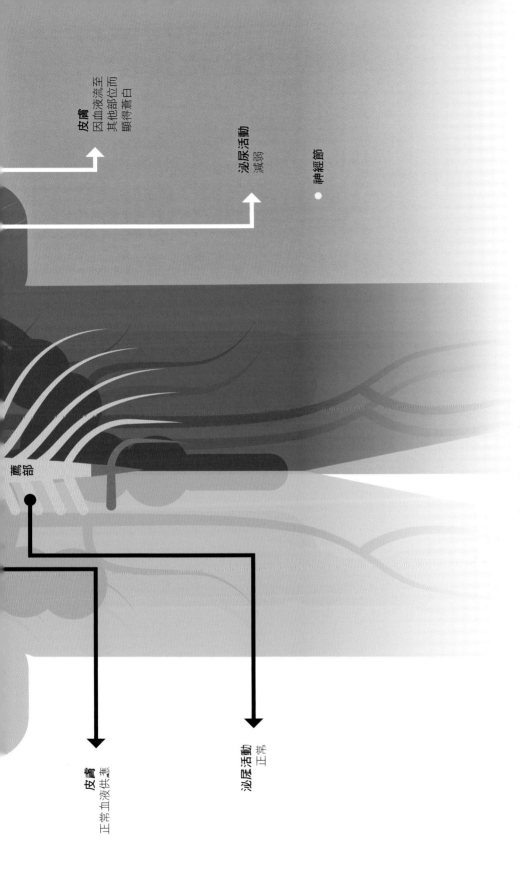

皮膚
因血液流至
其他部位而
顯得蒼白

泌尿活動
減弱

神經節

臉部

皮膚
正常血液供應

泌尿活動
正常

自動運行

人腦真的十分驚人，但即便如此，大腦在具意識的狀態下，對於訊息的處理能力還是有限。因此，它會將控制體內許多活動（例如消化食物、呼吸、心跳、呼吸和收集廢物）的工作，轉移由自主神經系統（ANS）協助，讓它們自動進行。

自主神經系統周邊神經系統的一部分，在潛意識中獨立進行許多體內活動，只有在出現問題時，才會向思考和感覺腦層發出警告。

總開關

另一個與大腦和神經通力合作的系統（同樣是全身性的協調－控制－指揮系統），就是：荷爾蒙系統，或稱內分泌系統。它是以稱為荷爾蒙的天然化學物質為基礎，這些荷爾蒙是由體內的內分泌腺所產生。在腦的前下方，有個葡萄大小的區域叫做下視丘，另一個豆子大小的部位垂在它下方，名叫腦下垂體；下視丘和腦下垂體負責整合上述兩個系統。看來，人體的執行董事和首席執行長還真是一對很棒的搭檔呢。

下視丘

大腦中許多部位與下視丘有直接的神經路徑連結。下視丘會產生釋放因子（下視丘激素），告訴腦下垂體要做什麼，並接收腦下垂體的回饋訊息。其功能會在名為下視丘神經核的神經細胞群中發揮功能。

前葉

後葉

腦下垂體

受到下視丘和松果腺的控制。它生成和／或釋放激素，控制許多其他腺體和生理運作（見下一頁），也會向下視丘發送回饋訊息。

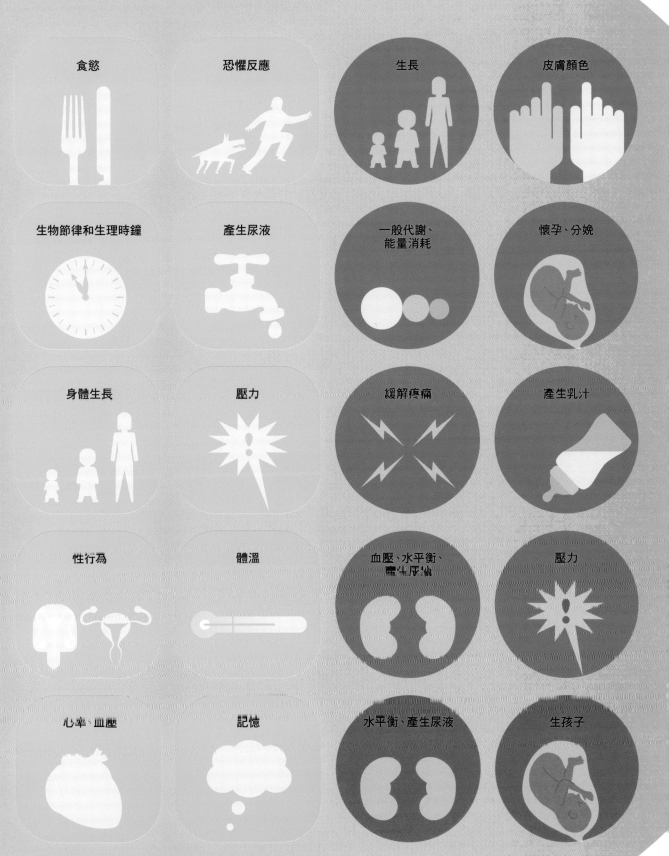

食慾

恐懼反應

生長

皮膚顏色

生物節律和生理時鐘

產生尿液

一般代謝、
能量消耗

懷孕、分娩

身體生長

壓力

緩解疼痛

產生乳汁

性行為

體溫

血壓、水平衡、
產生尿液

壓力

心率、血壓

記憶

水平衡、產生尿液

生孩子

各司其職的化學物質

血液不僅負責把營養配送、供給至全身，也是一張把荷爾蒙分送到全身的大型高速網絡。每種荷爾蒙都是由血液攜帶的微小化學物質，分別來自某個特定的內分泌腺，到達全身每一個角落，但只會影響特定的組織和器官，也就是荷爾蒙的標的。

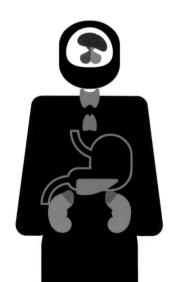

腦下垂體
激素系統的「主宰腺」

產物
10餘種荷爾蒙及類似物質（見上一頁）

標的
大多數部位，有細胞也有大的器官

大小
15×10公釐

松果腺
調節睡眠清醒模式、生物節律

產物
褪黑激素

標的
大多數部位，特別是腦

大小
9×6公釐

甲狀腺
調節新陳代謝、人體運作的速度；控制血鈣濃度

產物
甲狀腺素、三碘甲狀腺素；降鈣素

標的
人體的大多數細胞

大小
100×30公釐

副甲狀腺
控制血鈣濃度

產物
副甲狀腺激素

標的
身體的大多數細胞

大小
6×4公釐

胰臟
調節血糖（見下一頁）
產物
胰島素；升糖素
標的
大多數體細胞
大小
13×4公分。

胃
分泌胃酸和其他消化液
產物
胃泌素；膽囊收縮素；胰泌素
標的
胃；胰臟、膽囊；胰臟
大小
30×15公分

腎上腺1：外層（皮質層）
調節水和礦物質的濃度；對壓力做出反應；性發育、性活動
產物
醛固酮；皮質醇；性激素
標的
腎臟和腸道；大多數人體部位；性器官
大小
整個腺體是5×3公分

腎上腺2：內層（髓質層）
為人體的行動（恐懼、戰鬥、逃跑）做準備
產物
腎上腺素和類似的激素
標的
許多人體部位
大小
整個腺體是5×3公分

胸腺
刺激白血球抵抗疾病
產物
胸腺素和類似的激素
標的
白血球
大小
兒童為5×5公分，成人的已萎縮

腎臟
水和礦物的平衡，血壓；紅血球的生成
產物
腎素（一種酶）；紅血球生成素
目標
腎臟和血液循環；骨髓
大小
12×6公分

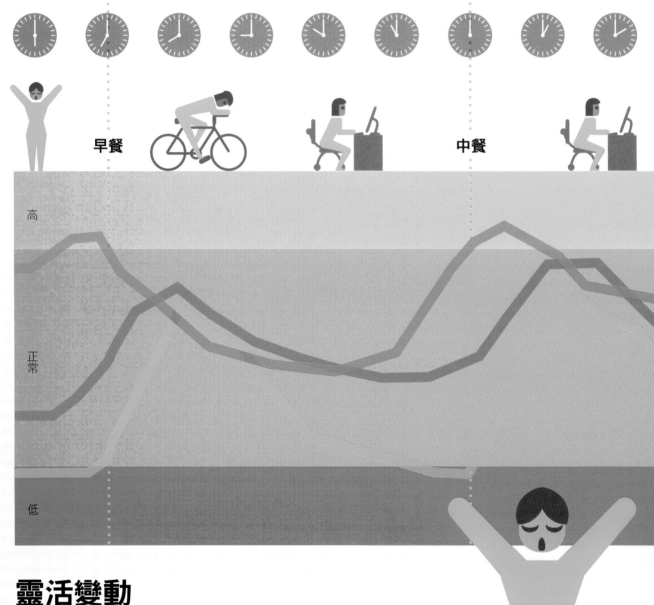

早餐

中餐

高

正常

低

靈活變動

荷爾蒙需要謹慎的控制。它們在人體內循環的量非常少，往往只有1公克的幾分之一，但它們的效能很強大。許多荷爾蒙具有一種「推－拉」系統，也就是某一種荷爾蒙可以提高其標的的濃度，或是促使某一個進程加速，然而，另一種荷爾蒙（也就是第一種荷爾蒙的拮抗劑）卻有相反的作用。這裡顯示的是血糖的情況，以及兩種胰臟的激素是如何保持血糖濃度的穩定（血糖是每一個體細胞保持活力、各司其職所需的能量來源）。

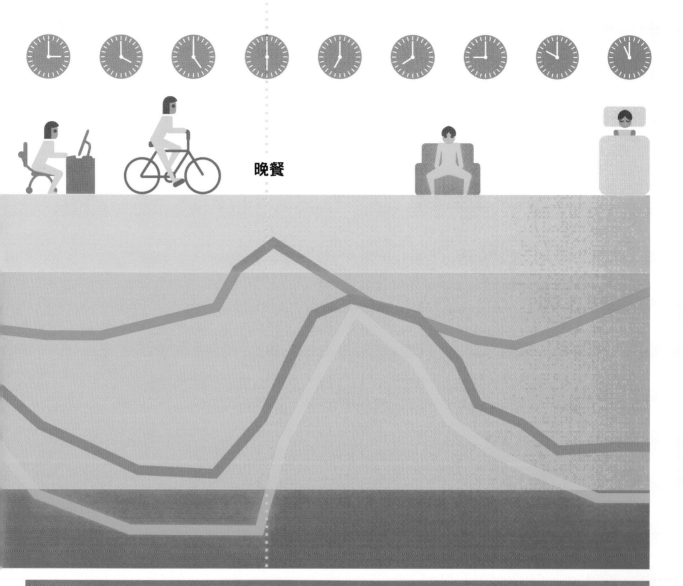

晚餐

升糖素
來源：胰臟胰島中的 α 細胞。
功能：藉由讓肝臟把肝醣（澱粉）轉化為葡萄糖，來提高血中的葡萄糖濃度。
濃度：當其他兩個物質的含量上升，升糖素才會下降，而且要經過一段較長的滯後期，達1、2小時。

血糖
來源：食品和飲料，尤其是富含糖和澱粉（碳水化合物）的食物與飲料。
功能：為每一個細胞的代謝過程提供能量。
濃度：隨著進食（尤其是高碳水化合物的食物）而升高，隨著活動和鍛鍊而下降。

胰島素
來源：胰臟胰島中的 β 細胞。
功能：促進細胞利用葡萄糖和肝臟內葡萄糖轉化為肝醣，藉此降低血液中的葡萄糖濃度。
濃度：胰島素隨葡萄糖濃度變化，會在幾分鐘之後發生。

維持穩定

水和礦物質的平衡對健康而言至關重要。當人體吃、喝、呼吸、出汗、運動、做其他任何事情的時候，很容易打破平衡。人體中有好幾個部位會和荷爾蒙共同合作，確保不會出現失衡的情況，並繼續維持現狀。

下視丘
負責衡量血液中的水和礦物質的含量，生成某些激素，包括ADH（抗利尿激素，又稱血管加壓素）。

腦下垂體
生成、儲存、釋放激素，包括ADH。

腎臟
產生腎素、過濾血液中的廢物，含有約100萬個微型過濾器，稱為腎元。

更多廢物、水和礦物質從血管被濾出，進入腎小管。

在激素（ADH、醛固酮、ANP）的控制下，根據人體需要，一些水分和礦物質被重新吸收進入血液之中。

血液在腎絲球微血管中進行過濾，未經過濾的血液繼續在血管往後端流。

尿液進入膀胱。

低血壓

當血液中的水含量減少、血壓下降時

腦下垂體釋放ADH（抗利尿激素、血管加壓素）

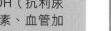

血壓上升

腎臟釋放的腎素，把來自肝臟的AT1（血管收縮素1）轉化為AT2

ADH的標的是腎臟，讓腎臟把更多尿中的水分帶進血液

血管更加狹窄，血液中水分變多。

AT2受體讓血管變窄且使血壓升高，並刺激腎上腺釋放醛固酮。

ADH也讓血管變得更狹窄，從而使血壓升高

醛固酮以腎臟為標的，令腎臟把尿中更多水分帶進血液。

ANP以腎臟為標的，使腎臟內從尿中帶進血液的水分減少。

進入血液的、來自腎的水分變少，血容量下降。

心房（心臟上側的腔室）產生的ANP（心房排鈉肽），釋放至血液中。

血壓下降

高血壓

當血液中的水分增加、血管變狹窄時

人體的思考部位
THINKING BODY

從數字了解腦

腦有很多種尺寸（此處顯示的是一般平均值），不過整體的大小基本上與智力並無直接相關。儘管腦看起來安安靜靜、沒什麼活動力，實際上卻忙於進行神經電活動和化學活動，讓它（按平均來算）成了整個人體中最耗能的器官。

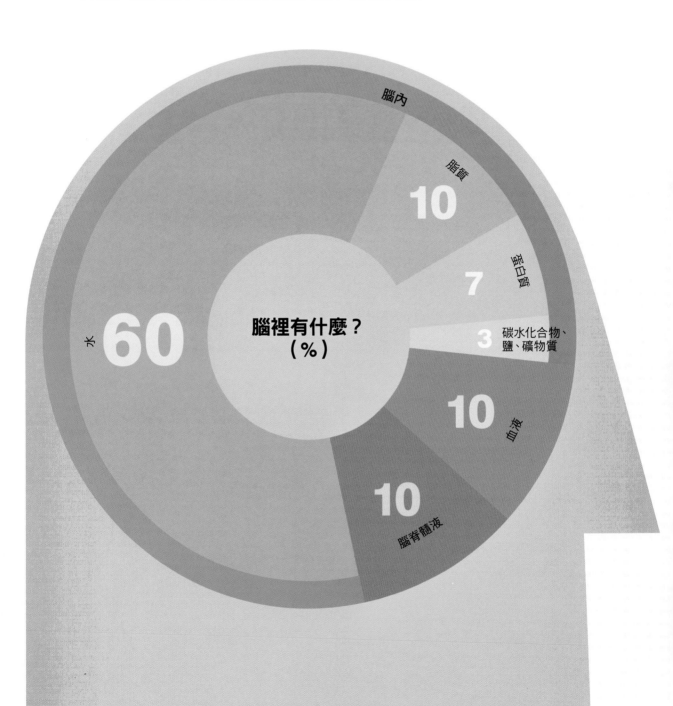

腦內

脂質
10

蛋白質
7

碳水化合物、
鹽、礦物質
3

水
60

腦裡有什麼？
（％）

血液
10

腦脊髓液
10

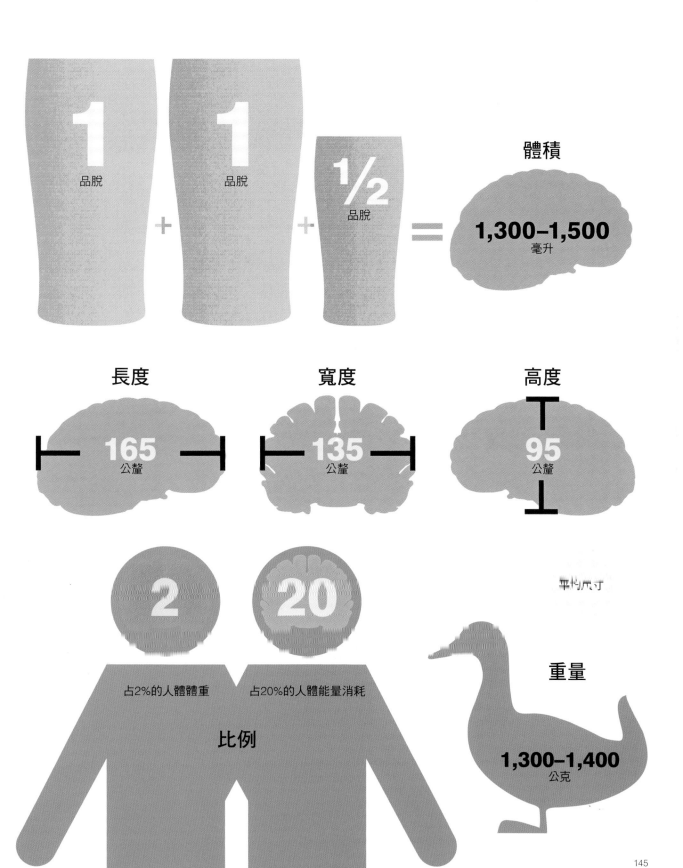

1 品脫 **+** **1** 品脫 **+** **½** 品脫 **=**

體積

1,300–1,500 毫升

長度

165 公釐

寬度

135 公釐

高度

95 公釐

平均尺寸

2 占2%的人體體重

20 占20%的人體能量消耗

比例

重量

1,300–1,400 公克

145

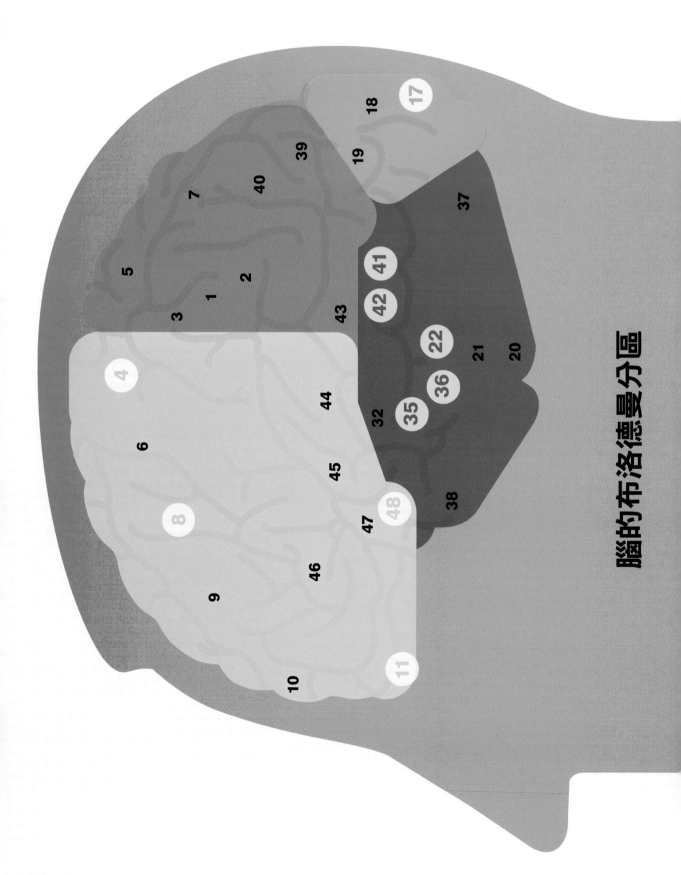

腦的布洛德曼分區

讓我們來仔細觀察大腦的皮質（主要的大腦皺褶表面）。在顯微鏡下可以看到，它的神經細胞並不是個個相同，反而是各有不同的形狀、數量、大小和6層的組織，就像一個混合體。這些片狀區補為布洛德曼區（Brodmann），每個區域都有各自的編號和作用。以下列出主要呈現和它們的功能。

4 運動
初級運動皮質
命令肌肉收縮並產生動作。

8 做決定
前額葉皮質
與懷疑、決定和不確定有關的區域。

11 獎賞
前額葉皮質
做決定、評估獎勵、推論和長期記憶的區域。

17 視覺
初級視覺皮質
從眼部發送的視覺相關訊息，主要會到達這裡。

22 語言
理解語言
韋尼克區（左側）、波義（右側）。

35, 36 視覺&記憶
顳葉皮質
辨認看到的事物並理解其含義

41, 42 聽覺
初級聽覺皮質
從耳部傳送的聲音相關訊息，主要會來到這裡。

48 專案
前額葉皮質
與工作記憶、意識、注意力和專注相關的區域。

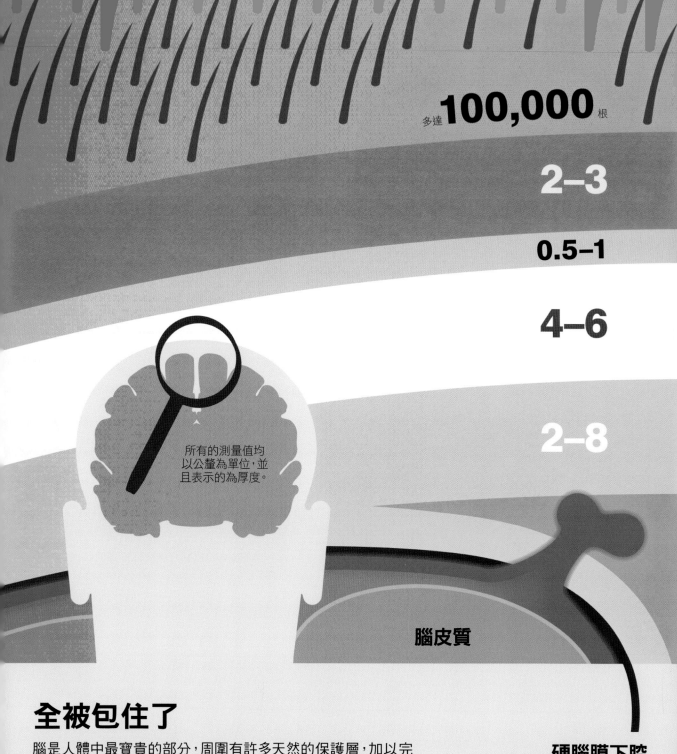

多達**100,000**根

2–3

0.5–1

4–6

所有的測量值均以公釐為單位,並且表示的為厚度。

2–8

腦皮質

全被包住了

腦是人體中最寶貴的部分,周圍有許多天然的保護層,加以完善保護。這些保護層將堅硬度、安全、緩衝減震、靈活性……等等功能巧妙地交織在一起,其中最主要的3層分別是硬腦膜、蜘蛛膜和軟腦膜,統稱為腦膜。外面還可以附加新的外層,就像一頂堅硬的帽子……

硬腦膜下腔

由於硬腦膜通常是連結著蜘蛛膜,所以硬腦膜下腔是「潛在的腔隙」。只有在出現問題(疾病、損傷)的時候,硬腦膜和蜘蛛膜才會分離。

頭髮

頭髮是由角蛋白形成的。每一根頭髮在3~5年後會自我更新。

頭皮的皮膚

主要由膠原蛋白、彈性蛋白和角蛋白組成，4周後會自我更新。

骨膜 覆蓋在骨組織上，是一層堅韌的外「皮」。

顱骨

頭顱的頂蓋，也就是覆蓋腦的那個部分，由8塊顱骨組成，它們由被稱為「顱縫」的關節連接在一起，這些關節很牢固，彼此結合。

腦膜1：硬腦膜

字面上的意思是「堅強媽媽」（dura mater），相對於其他腦膜和腦而言，這層是一個牢固而結實的外殼。
硬腦膜是由密實的纖維構成，形成數層的層狀結構。硬腦膜也會支撐血管，並構成可以容納血液的空腔（靜脈竇）。

0.1–3

腦膜2：蜘蛛膜

字面上的意思是「蜘蛛媽媽」（arachnoid mater），這層是一個細緻、海綿狀的網，由膠原蛋白、其他結締組織及液體構成。它是柔韌的泡沫狀緩衝層，能吸收撞擊對頭部的影響。

0.3–8 蜘蛛膜下腔

這個腔隙含有腦脊髓液，是一個流動液體的緩衝層，能吸收撞擊對頭部的影響。

0.1

腦膜3：軟腦膜

字面上是「溫柔媽媽」（pia mater），這些網格狀纖維網是保護皮質不接觸外物的最後一道防線，它緊緊貼著腦表面的輪廓。

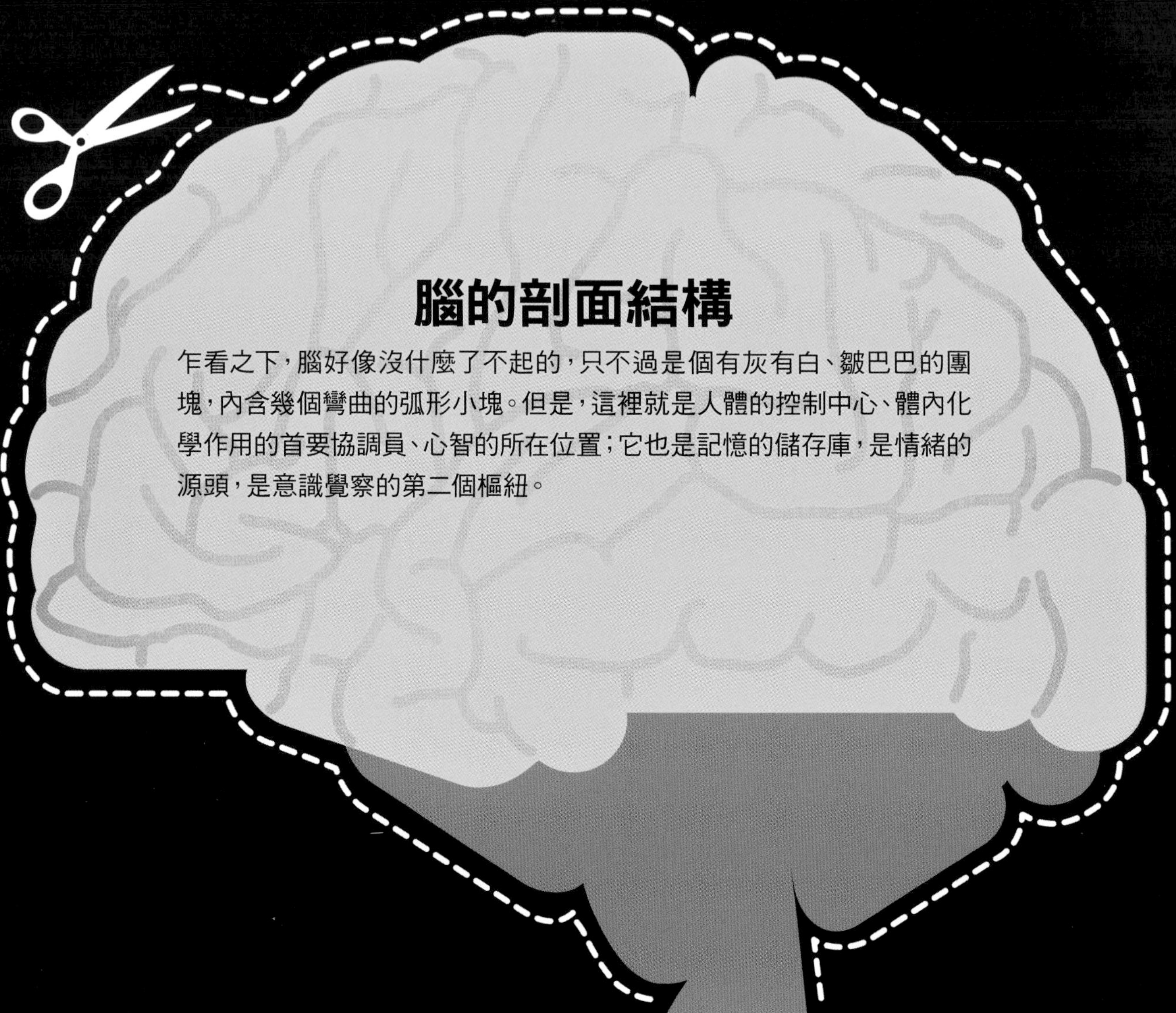

腦的剖面結構

乍看之下，腦好像沒什麼了不起的，只不過是個有灰有白、皺巴巴的團塊，內含幾個彎曲的弧形小塊。但是，這裡就是人體的控制中心、體內化學作用的首要協調員、心智的所在位置；它也是記憶的儲存庫，是情緒的源頭，是意識覺察的第二個樞紐。

大腦	有褶皺的圓頂，位於整個腦的上部，體積龐大，分為兩個半球。體積占全腦的80% **內容物**：主要是白質、神經纖維（軸突） **功能**：連接皮質和腦的其他部分
胼胝體	左和右半球之間10公分長的連接帶 **內容物**：2億多條神經纖維 **功能**：讓身體的一側知道另一側在做什麼
中腦	體積是全腦的10% **內容物**：混合了神經細胞和纖維 **功能**：主要與人體自主平衡的維持有關
視丘	一對雞蛋形狀的團塊，5~6公分長 **內容物**：神經細胞和纖維，位於被稱為核的區域 **功能**：大腦皮質和意識的「守門人」

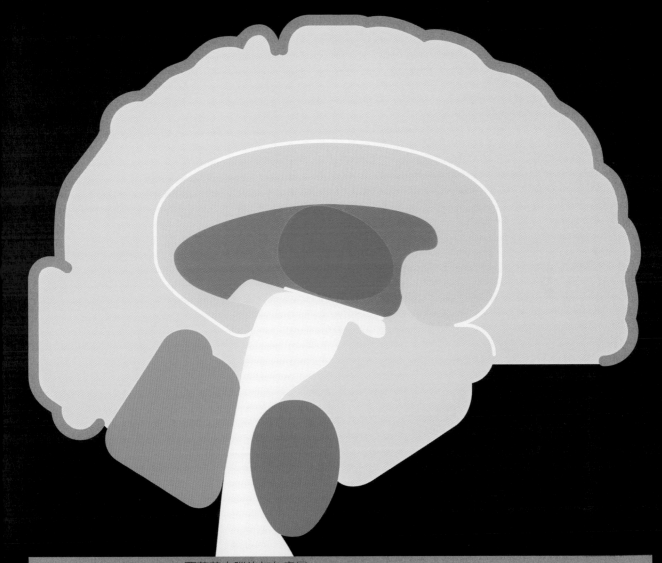

大腦皮質	覆蓋著大腦的灰色表層 **內容物**：200億個神經細胞（神經元） **功能**：覺察與絕大部分有意識思維的過程都位於此
腦幹	腦的最低部分，向下延續到脊髓 **內容物**：混合了神經細胞和纖維 **功能**：人體基本活動（諸如呼吸、心跳等）的中樞（見第128、132頁）
橋腦	從頂部到底部為2~3公分 **內容物**：主要是神經纖維 **功能**：連接低位腦和高位腦
小腦	體積是全腦的10% **內容物**：500多億條神經纖維 **功能**：參與動作和協調（見下一頁）

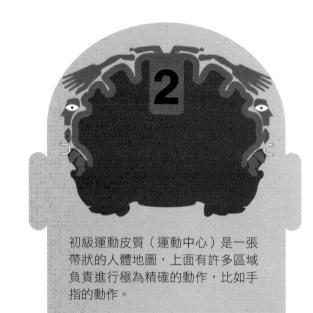

前運動皮質區和輔助運動皮質區做出有意識的「執行決策」，來產生動作。然後神經訊息就傳遞到其他部位。

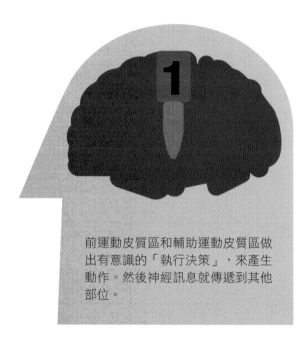

初級運動皮質（運動中心）是一張帶狀的人體地圖，上面有許多區域負責進行極為精確的動作，比如手指的動作。

動起來

做動作乍看之下很簡單：用腦一想，動作就發生了。但是，在這個過程中，腦中的許多部位其實必須相互發送、接收消息，尤其是腦部表面稱為運動皮質區的帶狀區域，還有後方的小腦、中央的視丘、腦的深處稱為基底核的小部位，以及其他部位。然後，訊號從大腦沿著神經到達肌肉，使肌肉收縮，牽拉骨頭並讓它們移動。所以總體來說，並不是那麼簡單……

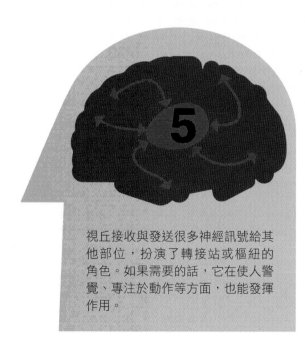

視丘接收與發送很多神經訊號給其他部位，扮演了轉接站或樞紐的角色。如果需要的話，它在使人警覺、專注於動作等方面，也能發揮作用。

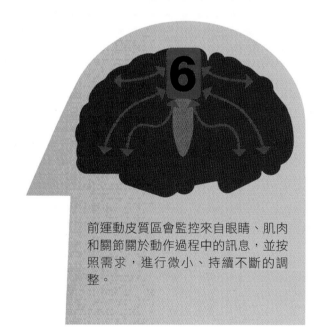

前運動皮質區會監控來自眼睛、肌肉和關節關於動作過程中的訊息，並按照需求，進行微小、持續不斷的調整。

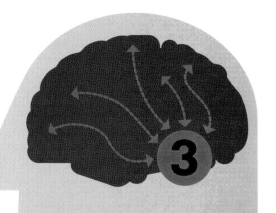

就算是最簡單的肢體動作，也需要小腦協助使好幾種肌肉同步動作，例如：使一塊肌肉放鬆，同時這塊肌肉的拮抗肌則要收縮，這樣做就能讓動作流暢而協調。

基底核幫助我們組織、協調相關的肌肉，尤其是做習慣性動作或常規動作的肌肉。人體已經習得並儲存了這些動作的指令。

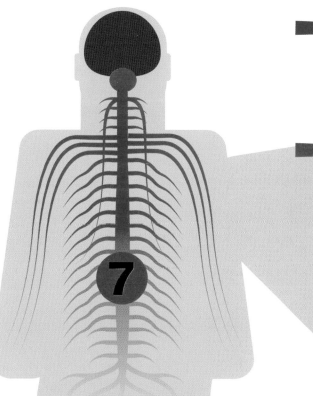

整個身體都分布著蜿蜒的運動纖維，沿著神經，直達它們所控制的肌肉。

每一根神經纖維的終端都是一連串蜘蛛狀的結構，稱為神經–肌肉接合處（運動神經終板）。神經訊息的電脈衝會傳遞給肌肉，讓它縮短。

左邊還是右邊？

腦的兩側看起來幾乎一模一樣，但是它們的運作方式和所控制的東西並不相同。
有些差異和一個人是慣用右手還是左手有關；有些差異則與腦如何學習執
行不同的任務有關；還有一些差異是天生就存在於腦的神經電路之
中。這個現象有一個通用術語，叫作「腦側化」。越來越多研究顯
示，這些差異比以前所認為的還要複雜。

每年8月13日是國際左撇子日

利己
與自身互動多於
與右半球互動。

健談
主導語言、詞彙、
句法、語法方面，
尤其是右撇子。

費勁
一般認為左半球負責處
理比較「困難」的分
析性過程，例如跟數字
有關的任務、計算、
公式、邏輯、一步步推
論、分類、定義、效
率、科學與技術。

在大多數人類群體中，平均有**1/10的人是左撇
子**，代表這些人傾向使用左手，尤其是在做需要
靈巧和細微操作的任務時。但是，在這個平均值
的背後，比例的落差其實很大，從1/50到1/4不
等。

儘管有許多奇人軼事流傳，但是並沒有確鑿的證
據顯示，在藝術家、音樂家等有創造力的人當
中，左撇子的比例較高。

不過，如果左撇子用右手做事，往往會比右撇子
用左手做得更好。

不過，最近的研
究顯示，兩個半
球的差異並不如以
前認為的那麼明
確。

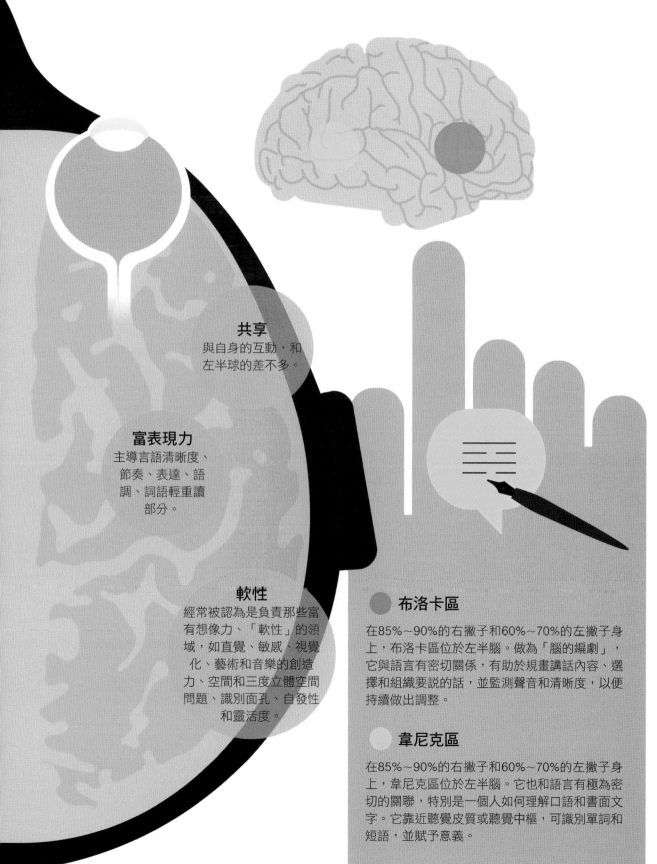

共享
與自身的互動，和
左半球的差不多。

富表現力
主導言語清晰度、
節奏、表達、語
調、詞語輕重讀
部分。

軟性
經常被認為是負責那些富
有想像力、「軟性」的領
域，如直覺、敏感、視覺
化、藝術和音樂的創造
力、空間和三度立體空間
問題、識別面孔、自發性
和靈活度。

● **布洛卡區**

在85%~90%的右撇子和60%~70%的左撇子身
上，布洛卡區位於左半腦。做為「腦的編劇」，
它與語言有密切關係，有助於規畫講話內容、選
擇和組織要說的話，並監測聲音和清晰度，以便
持續做出調整。

○ **韋尼克區**

在85%~90%的右撇子和60%~70%的左撇子身
上，韋尼克區位於左半腦。它也和語言有極為密
切的關聯，特別是一個人如何理解口語和書面文
字。它靠近聽覺皮質或聽覺中樞，可識別單詞和
短語，並賦予意義。

155

水潤的腦

現在已經證實：人類的腦差不多就是一團軟軟糊狀的東西。在這個人體最為重要的器官中，大約有75%都是水，主要分布在細胞中和細胞之間。除了腦之外，顱骨中其他內容物幾乎同樣也是以水為基礎。這裡的主要液體是血液，以及一種與神經系統截然不同的奇特物質，稱為腦脊髓液，它會慢慢循環流動，通過一個叫腦室的腔室——因為腦是中空的！

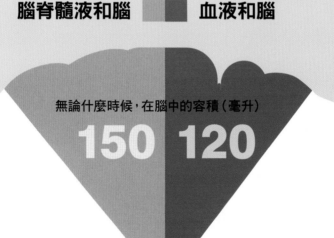

腦脊髓液和腦 **血液和腦**

無論什麼時候，在腦中的容積（毫升）

150　120

腦脊髓液提供實質的保護和緩衝，清除廢物，也有助於調節腦內血壓，並提供一些營養物質。

來源：腦室壁上的脈絡叢。

結局：被蜘蛛膜下腔和靜脈吸收。

血液輸送氧氣、能量（葡萄糖）、營養物和礦物質，以及清除廢物，散發溫暖，抵抗感染。

來源：經內頸動脈（80%）和椎動脈（20%），從左心室而來。

結局：經由頸靜脈進入右心室。

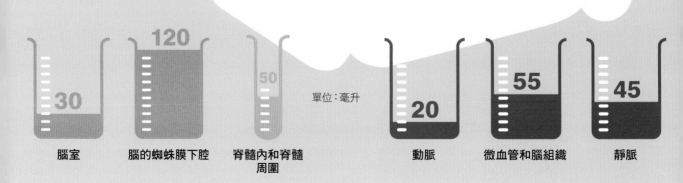

30　120　50　單位：毫升　20　55　45

腦室　腦的蜘蛛膜下腔　脊髓內和脊髓周圍　動脈　微血管和腦組織　靜脈

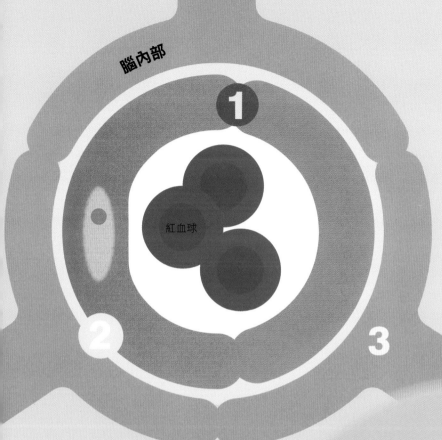

脑內部

1

紅血球

2

3

「三B」

脑有特殊的保護作用，能防止血液中的有害物質進入腦中，例如各種細菌和有毒化學物質。這層保護機制稱為血腦障壁（blood-brain barrier），即三B。腦部微血管與全身其他部位的普通微血管之間，存在3個不同之處，這些就是血腦障壁的運作基礎。

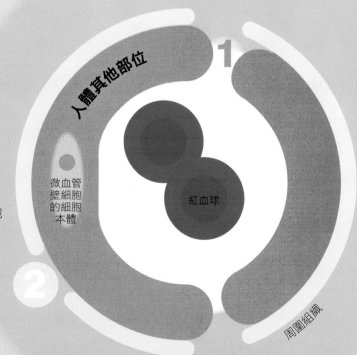

人體其他部位

1

微血管壁細胞的細胞本體

紅血球

2

周圍組織

1 **在形成微血管壁的細胞之間**
腦內部：無間隙
人體其他部位：有間隙

2 **微血管壁基底膜**
腦內部：連續
人體其他部位：有間隙

3 **微血管周圍的保護細胞**
腦內部：有保護作用的星狀神經膠細胞
人體其他部位：無保護

157

腦中的網路

腦中主要的微觀特徵是神經細胞，或稱神經元，有超過1000億個。位於腦下後方的小腦含有絕大多數的神經元，腦皮質中大約有200億個，不過神經元並不是腦中唯一的細胞種類。神經細胞很容易受到損傷，而且各有專門的用途，所以它們需要幫助和支持——也就是神經膠細胞的幫助。膠細胞的數量多於神經細胞，比例約為20:1，它們的功能可不光只是把神經細胞聚集在一起而已。神經膠細胞的種類包括了星狀細胞、寡突膠細胞和微膠細胞。

星狀細胞
這些細胞能夠為神經細胞提供實質的支撐，並且供應能量、養分和其他需求；維護和影響突觸；有助於血腦障壁發揮作用；修復神經和其他神經膠細胞。

寡突膠細胞
這些細胞形成了軸突的脂肪覆蓋層，即髓鞘（見第152頁）；並透過實質支撐和提供養分來支持神經細胞。

微膠細胞
它們是專門的「常駐保衛者」。它們會像白血球那樣，搜尋並清除入侵者、受損的腦細胞和其他不需要的物質。

2,500 億

迅速！
除了沿著流體移動前進的細胞之外（例如沿著血液移動），微膠細胞是腦中移動速度最快的細胞，以每小時0.1公釐的速度前進。按這個速度，每前進1公分，它們要花4天的時間。它們能以兩倍的速度變長或縮短。

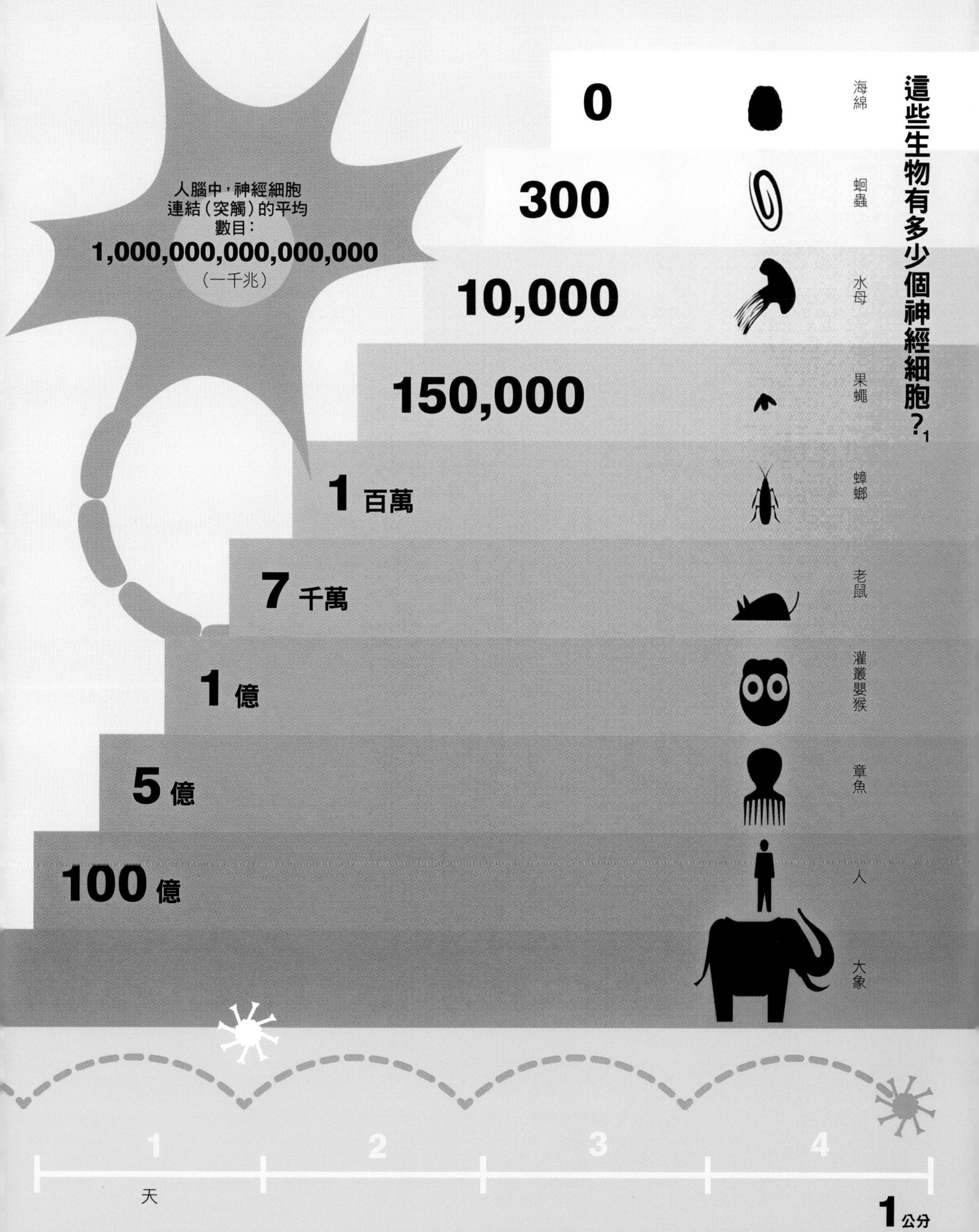

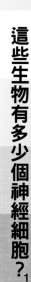

這些生物有多少個神經細胞？[1]

海綿	0
蛔蟲	300
水母	10,000
果蠅	150,000
蟑螂	1 百萬
老鼠	7 千萬
灌叢嬰猴	1 億
章魚	5 億
人	100 億
大象	

人腦中，神經細胞連結（突觸）的平均數目：
1,000,000,000,000,000
（一千兆）

| 1 | 2 | 3 | 4 |

天

1 公分

註1：整個神經系統中的神經元。

腦的下部

在左、右半腦充滿褶皺的大穹頂下方，以及在有「迷你腦」之稱的小腦前方，是中腦、腦幹和其他我們比較陌生的部分。它們不斷運作，以維持身體的自主系統平穩運行順暢，在高位腦的意識中樞和身體其他部位之間傳遞訊息，並且執行各自的隱祕任務。

紅核（Nucleus ruber，意思是「紅色的物體」）
參與不自覺出現的動作，例如在行走和跑步時擺動手臂。

黑質（Substantia nigra，意思是「黑色的東西」）
中腦的一部分。規劃和完成動作、協調頭－眼動作、愉悅感、獎勵追求及成癮行為。

頂蓋（Tectum，意思是「屋頂」）
位於中腦，處理視覺和聲音訊息，以及眼睛的運作。

橋腦（Pons，意思是「橋」）
是連接低位腦和高位腦的部分，參與許多各種不同的過程，比如呼吸、基本反射（如吞嚥和排尿等）、視力和其他主要感官、臉部動作、睡眠和做夢。

小腦（Cerebellum，意思是「小的腦」）
動作、平衡和協調的主要中樞。

延腦（Medulla，意思是「中心、核心」）
也叫延髓，它延伸自下方的脊髓，參與許多無意識的（不自覺、非隨意的）過程、動作和反射，包括心率、呼吸頻率、血壓、消化活動、打噴嚏、咳嗽、吞嚥和嘔吐。

腦袋有多大？

最大的腦

一般來說，生物體積越大，腦部就越大。不過，生物並不會因此更加聰明，至少按照人類衡量智力的標準而言是這樣，畢竟鯨魚並不會下象棋，也不會記住太陽的行星（話說回來，人也不能在1公里之下的深海捕捉大王烏賊）。以下的測量數據顯示的是腦的重量，單位為公克。

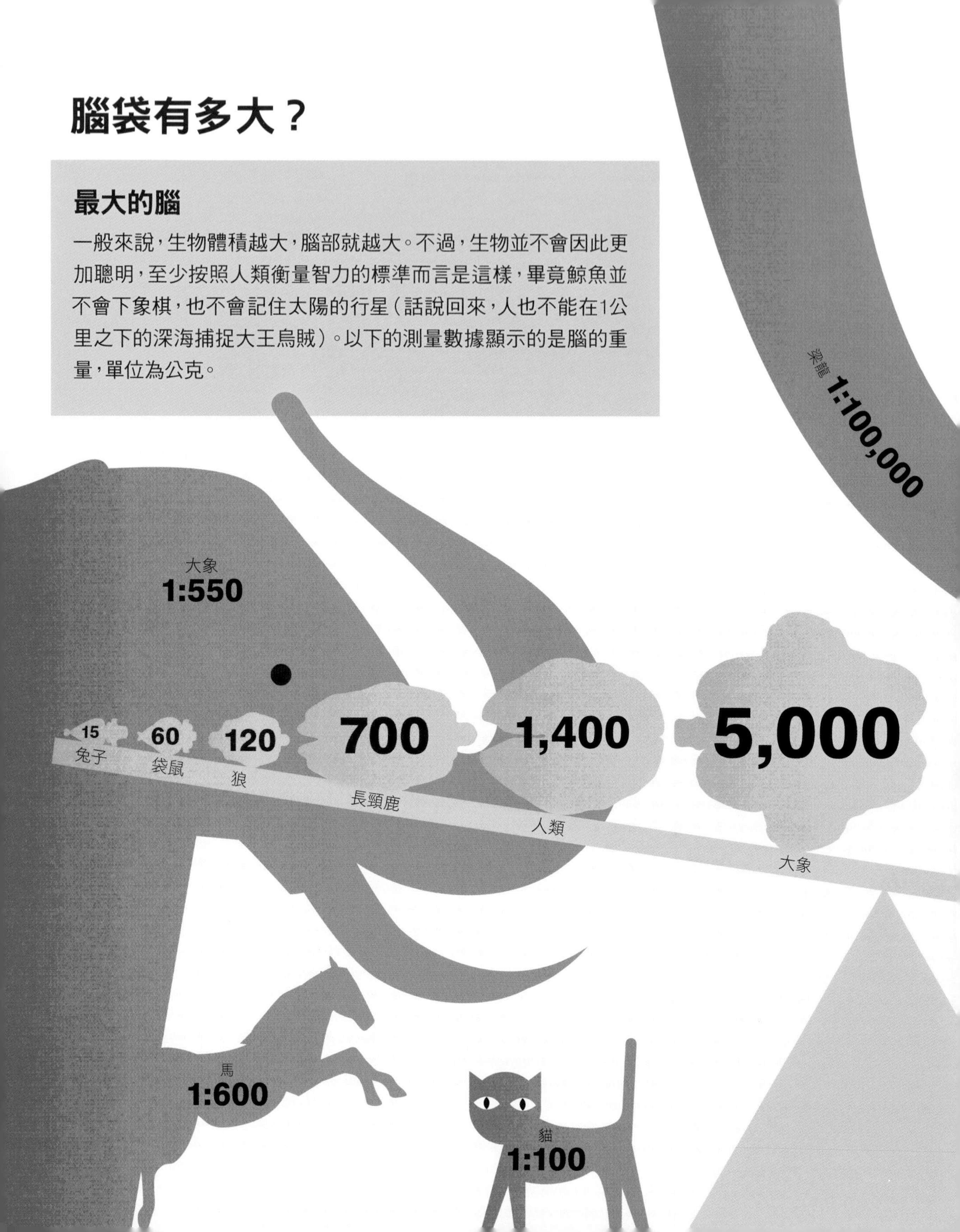

抹香鯨 1:100,000

大象
1:550

15
兔子

60
袋鼠

120
狼

700
長頸鹿

1,400
人類

5,000
大象

馬
1:600

貓
1:100

占全身比例最大的腦

將腦和身體比例加以比較，似乎較能看出腦的大小與智力的
關係。腦部比例越大的動物，在遇到新狀況時，會顯現出制訂
計畫、解決問題、改變行為……等特性。以下的比例是指腦與
身體質量的比值。

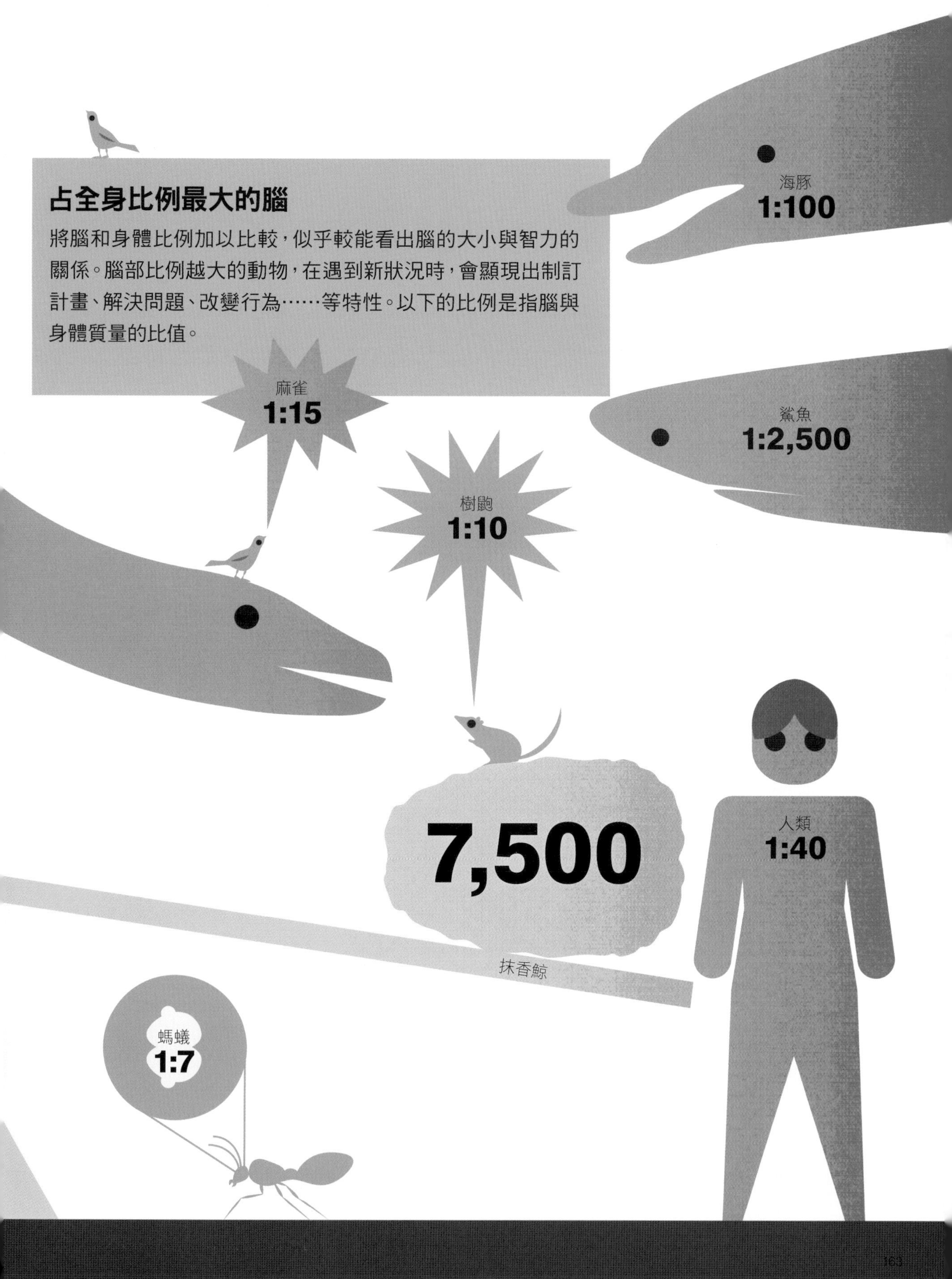

海豚
1:100

鯊魚
1:2,500

麻雀
1:15

樹鼩
1:10

7,500

抹香鯨

人類
1:40

螞蟻
1:7

感覺的混合

一般來說，腦會把各種主要感官分開處理，但有時候，這些感覺會混合在一起，這種現象在每個人身上都有可能短暫出現。例如，特定的聲音可能令人想起某種曾嚐過的味道，或是某個特別的氣味會喚起腦海中很久很久以前的記憶。在某些人身上，這種感官融合（稱為聯覺）比較顯著。文字有顏色（即使印刷出來是黑色），有的形狀令人聯想到味道，某幾種觸覺會刺激聲音。

具有聯覺能力的人[1]所占的比例（％）

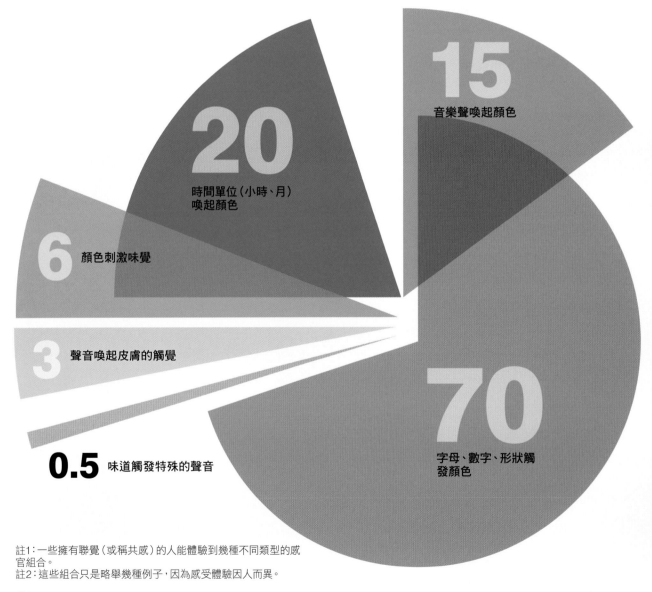

15 音樂聲喚起顏色

20 時間單位(小時、月)喚起顏色

6 顏色刺激味覺

3 聲音喚起皮膚的觸覺

0.5 味道觸發特殊的聲音

70 字母、數字、形狀觸發顏色

註1：一些擁有聯覺（或稱共感）的人能體驗到幾種不同類型的感官組合。
註2：這些組合只是略舉幾種例子，因為感受體驗因人而異。

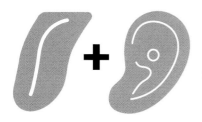

味覺-聲覺組合[2]

在某些聯覺的例子中，某種聲音能觸發某種特定的味道。

喊叫
蘋果

慟哭
李子

嗚咽
檸檬

哼聲
橘子

嘆氣
蔓越莓

噓聲
香蕉

色彩的月分[2]

在其他例子中，某個月分會和某種顏色產生連結。

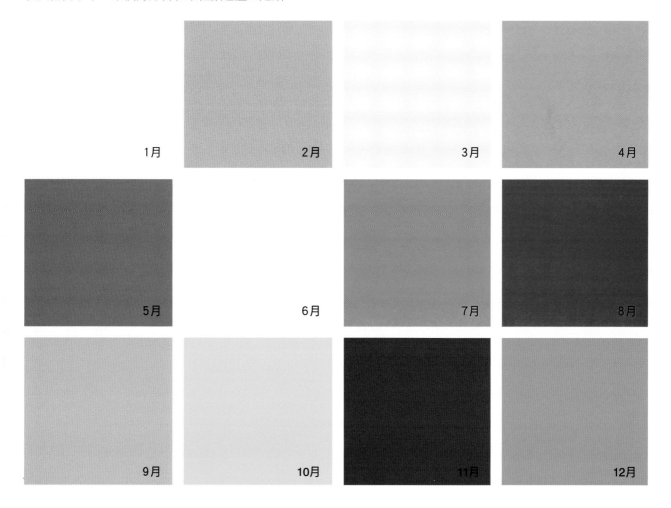

1月　2月　3月　4月

5月　6月　7月　8月

9月　10月　11月　12月

與記憶有關的數字

記憶是無窮無限的。腦不僅能記住事實和訊息，比如朋友的電話號碼、誰寫了《物種起源》[1]，還能記住面孔、場景、聲音、味道、皮膚的觸覺、技能和動作模式（如寫字和騎自行車），以及經歷過的情緒和感受。如果單純把腦和電腦的儲存容量加以比較，難免過於簡化事實；不過實際上，腦中的「工作記憶體」（電腦中與之對應的是RAM，也就是隨機存取記憶體）的大小、儲存和檢索訊息的速度也至關重要。

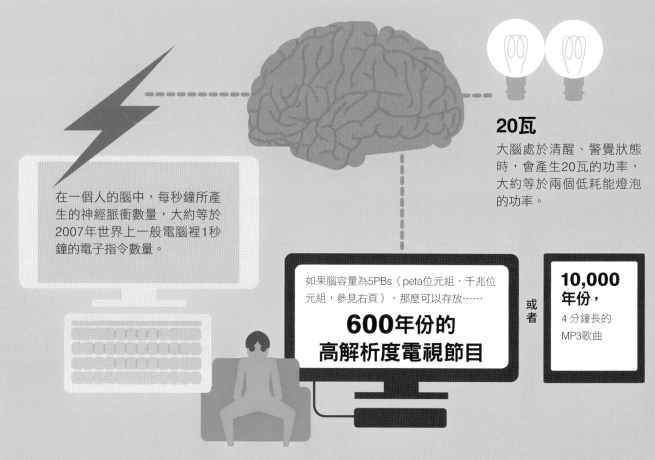

20瓦

大腦處於清醒、警覺狀態時，會產生20瓦的功率，大約等於兩個低耗能燈泡的功率。

在一個人的腦中，每秒鐘所產生的神經脈衝數量，大約等於2007年世界上一般電腦裡1秒鐘的電子指令數量。

如果腦容量為5PBs（peta位元組，千兆位元組，參見右頁），那麼可以存放……

600年份的高解析度電視節目

或者

10,000年份，
4分鐘長的MP3歌曲

腦筋轉得有多快？

有一種判斷電腦處理速度或性能的方法，稱為FLOPS，即「每秒浮點運算次數」（floating-point operations per second）。我們可以把一次FLOP想像為一次運算。假設：

- 腦中含有1億個神經細胞。
- 每個神經細胞平均連接到其他1000個神經細胞。
- 每一個突觸（神經細胞之間的連接）大約有20種不同形式。
- 神經元每秒鐘發出的脈衝高達200次。

以上不斷相乘，就會得出：腦袋的處理速度是400 petaFLOPS（1千兆次FLOPS，或是1千的5次方FLOPS），足以媲美速度為10~50 PFLOPS的超級電腦了。

註1：作者是查爾斯・達爾文，出版時間為1859年，請記住。

人腦的記憶體有多大？

以日常工作設備的儲存容量來換算（單位請見右下色塊）

1
家用電腦的硬碟

150
A4大小的
Word檔案

8–64
記憶卡

100–200
高解析度電視的硬碟錄影機

16–64
平板電腦或智慧型手機

10–100
超級電腦

腦的1個突觸
0.0047

1–10

10–100
人腦估計值下限

人腦估計值上限

B：位元組	通常是8位元（bils），位元組是表示電腦記憶體儲存容量的最小單位	
KB：千位元組	1,000 位元組	
MB：百萬位元組	1,000 KB	1百萬位元組
GB：十億位元組	1,000 MB	10億位元組
TB：兆位元組	1,000 GB	1兆位元組
PB：千兆位元組	1,000 TB	1千兆位元組

記憶遊戲

雖然看似很不方便，但腦並沒有一個獨立的「記憶中心」。實際上，記憶並不是只有一種類型，而是有好幾種。腦中有多個部位，分別負責處理關於學習、儲存和回憶等不同面向。這些部位也與腦的其他區域相互連結，包括情緒區域。因此，心情和情緒狀態，以及疲勞、飢餓、心煩意亂……等諸多因素，都會大幅影響記憶力。從細胞的角度而言，一段記憶代表腦中數十億神經元之間發展出了新的連接模式和途徑。

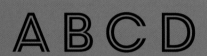

陳述性記憶（外顯）

需要有意識地努力去回憶。分為事件記憶：即有地點、事件、其他人物、相關感受和情緒的事件（片段），以及語意記憶：普通的知識、事實、概念、意義，通常可以用文字來解釋。

程序記憶（內隱）

能自動回憶，不必有意識地去想，比如熟練的動作模式和思維過程。

情緒記憶

含有豐富的情感內容、激起的、以及強烈感受的記憶，在被喚起時，全身會再次體驗到這些情緒。

空間記憶（視覺－空間）

覺察並記憶周圍環境、識別並定位物體和場景、導航路線。

記憶的類型

運動皮質區
含有關於動作的記憶（程序記憶）。

觸覺皮質區
（體感覺）儲存關於觸覺的記憶。

聽覺皮質區
含有關於聲音的記憶。

額葉
短期「工作記憶」的主要部位（諸如地形認知等等）。含有大量與其他各種記憶區域相連結的訊息。

味覺皮質區
擁有關於味道的記憶。

嗅覺皮質區
儲存關於氣味的記憶。

杏仁核
在含有豐富情緒和感覺的記憶（情緒記憶）形成時，杏仁核會扮演主要角色。在鞏固記憶、把短期記憶轉化為長期記憶（和海馬迴一起）的過程中，它會發揮重要作用。

海馬迴
在鞏固記憶、把短期記憶轉變為長期記憶（和杏仁核一起）的過程中，發揮重要作用。與針對周遭環境物體、導航的空間記憶有關。

視覺皮質區
儲存關於視覺的記憶。

小腦
儲存關於動作的記憶（程序記憶）。

記憶共享

腦裡有好幾個部位，共同負責儲存記憶的不同面向或組成元素。比如說，視覺中心或視覺皮質區含有圖像相關的訊息，能夠辨識特定物體、知道其名稱、將之納入一個更大的記憶經驗中。額葉能將大部分記憶統合起來，從而形成意識。

感情豐富的腦

「是真的嗎？哦不，太可怕了。悲劇啊！」此時，身體反應可能包括頭暈、發抖、站不穩，甚至是哭泣，心情則焦慮不安，頭腦無法進行有條理的思考，也無法做出明智的決定。「不，等等——這不是真的。好極了！」這時，精神轉為振奮，身體高興地跳起來，苦惱的哭聲變成喜悅的歡呼，喜悅的淚水取代了痛苦的眼淚。大腦中這些強烈的情緒是從哪裡來的呢？

憂鬱　　快樂　　悲傷　　驚訝　　焦慮

邊緣系統

跟產生感受、情緒和情感有關的部位（除此之外，這些部位也有其他不同的任務）。

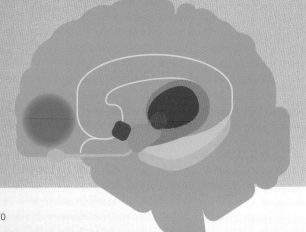

海馬迴

形成並輸出長期記憶（但它本身並不儲存這些記憶）。它與杏仁核合作，協助形成記憶中的情緒部分及其回憶。

杏仁核

在處理記憶與回想記憶的方面十分活躍（與海馬迴合作）。尤其是在涉及情緒時，能夠迅速進行回憶，甚至想像。

嗅球

能把氣味訊息直接發送到杏仁核、海馬迴和邊緣系統的其他位置。這就是為什麼氣味和香水會引發如此強烈、直接的情緒，以及清楚的回憶。

哪裡會感受到情緒？

每個人都有主觀的感受，身體的各個部位也會受到強烈情緒狀態的影響，以下標示描繪出這些身體部位所感受到的情緒強弱。

強大、熱烈、快速、積極	**+**
中性的	
微弱、冷淡、緩慢、消極	**−**

羞恥　　憤怒　　驕傲　　恐懼　　愛

穹窿
位於海馬迴、視丘和乳頭體的中間，協助形成記憶的情緒部分。

海馬旁迴
對整個場景（而不是其中的人物和物體）進行記憶和識別，並對此做出情緒反應。

乳頭體
與事件記憶（又稱情節記憶）有關，即處理事件（情節）：地點、時間、人物、感受。

下視丘
參與身體的情緒表達，而不是產生情緒。與情緒狀態（諸如厭惡、不愉快、不由自主的歡笑和流淚）有關。

視丘
是邊緣系統其他部位的轉接站和分配中心。

額葉邊緣區
位於腦表面的前下方、面向內部的區域，是多種記憶（包括空間感知和導航）的主要轉接站和聯合區，也是海馬迴及其連結區域、皮質其他部分的轉運站。

腦的時間

人體擁有內建的生理時鐘，即視交叉上核（SCN）。在這裡，神經細胞的活動週期是24小時，也就是一個晝夜——應該說，差不多是這麼長的時間。這個生理時鐘是由眼睛負責「設定」，因為神經細胞是透過眼睛來感知自然界的日夜節律，藉此使人的活動週期與外部世界同步。視交叉上核負責控制、協調整個人體的生物節律，包括體溫、荷爾蒙濃度、食慾、消化、清除廢物，以及睡眠清醒週期等等。

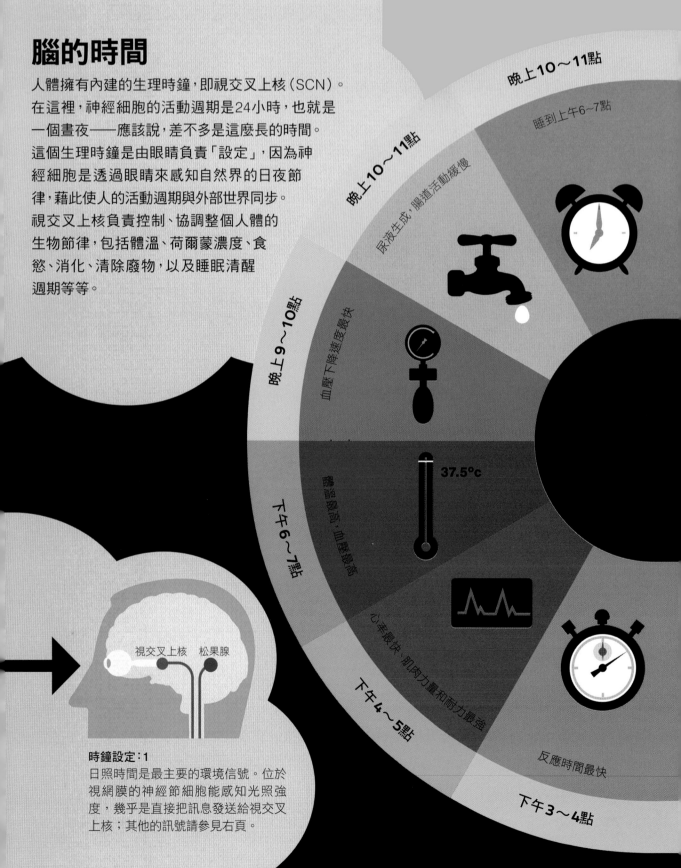

晚上10～11點
睡到上午6～7點

晚上10～11點
尿液生成，腸道活動緩慢

晚上9～10點
血壓下降速度最快

37.5°C

下午6～7點
體溫最高、血壓最高

下午4～5點
心率最快、肌肉力量和耐力最強

下午3～4點
反應時間最快

時鐘設定：1
日照時間是最主要的環境信號。位於視網膜的神經節細胞能感知光照強度，幾乎是直接把訊息發送給視交叉上核；其他的訊號請參見右頁。

視交叉上核　松果腺

172

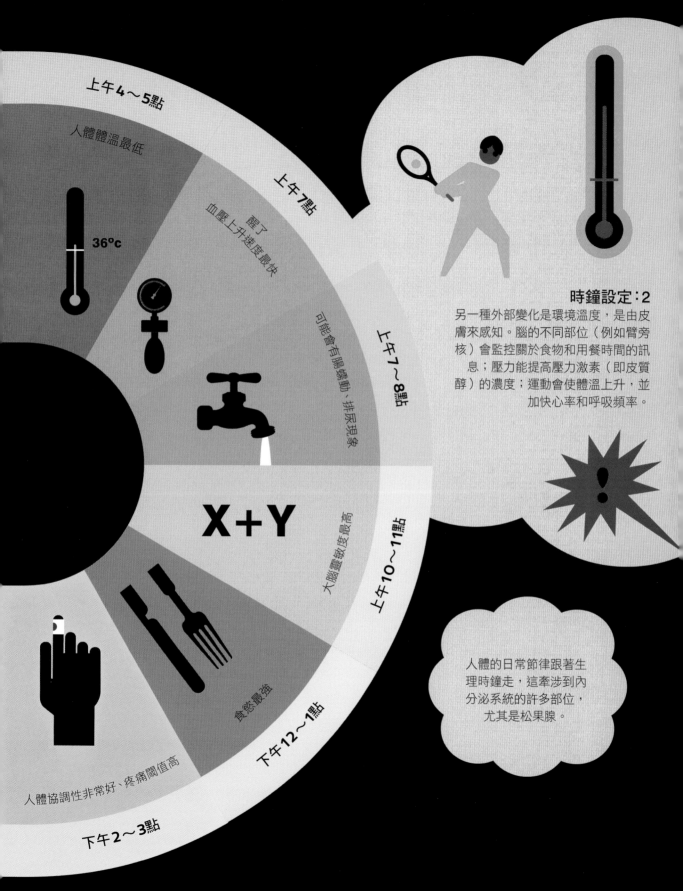

上午4～5點

人體體溫最低

36ºc

上午7點

睡了
血壓上升速度最快

上午7～8點

可能會有腸蠕動、排尿現象

X+Y

大腦靈敏度最高

上午10～11點

食慾最強

下午12～1點

人體協調性非常好、疼痛閾值高

下午2～3點

時鐘設定：2

另一種外部變化是環境溫度，是由皮膚來感知。腦的不同部位（例如臂旁核）會監控關於食物和用餐時間的訊息；壓力能提高壓力激素（即皮質醇）的濃度；運動會使體溫上升，並加快心率和呼吸頻率。

人體的日常節律跟著生理時鐘走，這牽涉到內分泌系統的許多部位，尤其是松果腺。

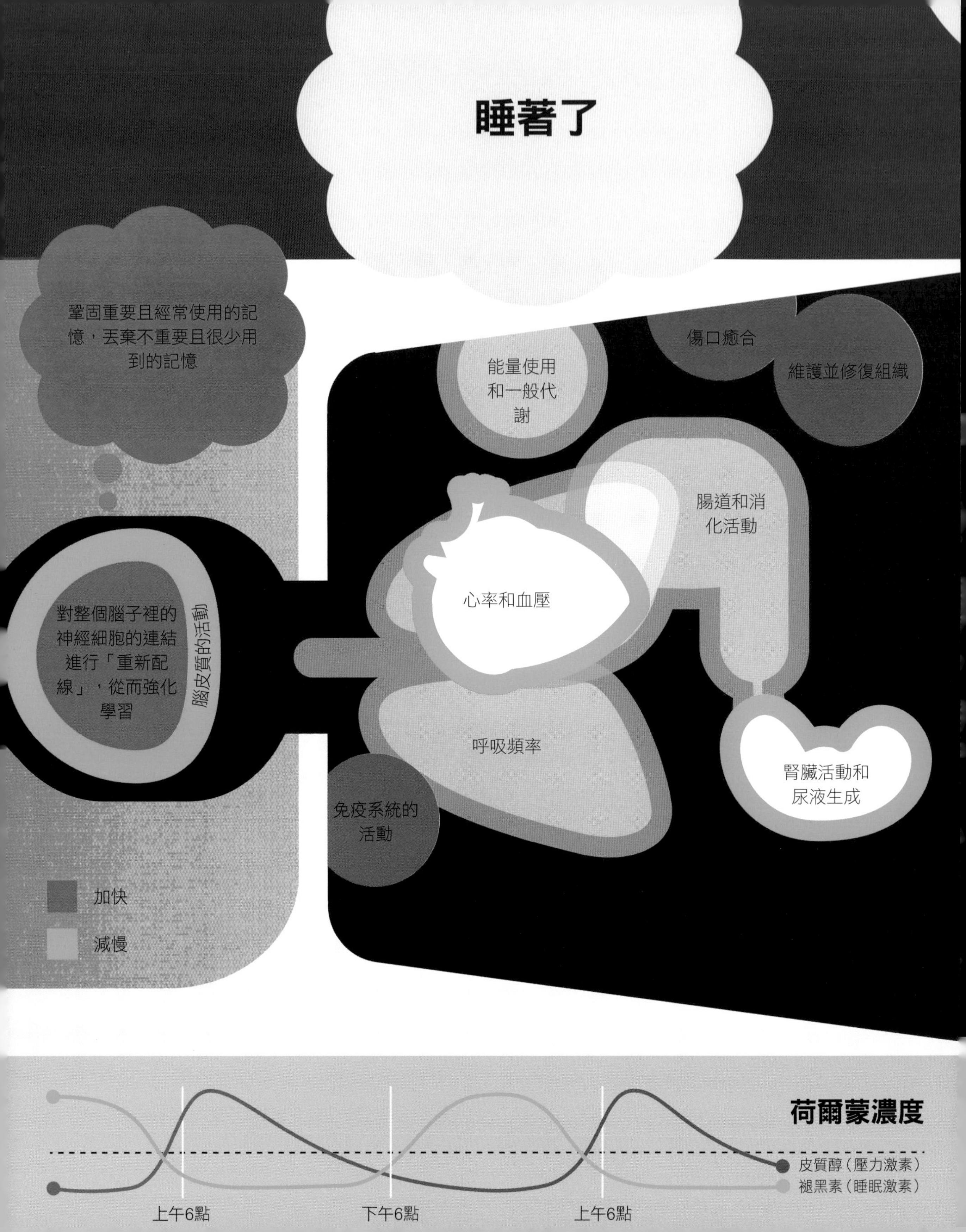

睡著了

鞏固重要且經常使用的記憶，丟棄不重要且很少用到的記憶

能量使用和一般代謝

傷口癒合

維護並修復組織

對整個腦子裡的神經細胞的連結進行「重新配線」，從而強化學習

腦皮質的活動

心率和血壓

腸道和消化活動

呼吸頻率

腎臟活動和尿液生成

免疫系統的活動

加快

減慢

荷爾蒙濃度

上午6點

下午6點

上午6點

皮質醇（壓力激素）

褪黑素（睡眠激素）

我們人生中三分之一的時間是在睡覺，這主要是和腦中松果腺的褪黑激素有關。睡眠分為淺眠階段和深度睡眠階段，還有一個叫快速動眼期（REM）的異相睡眠階段，在這個階段會形成夢境。腦電波圖能記錄腦電活動，並追蹤神經訊號的數目、位置和模式，每種睡眠階段和主要的心智歷程，都會呈現出獨特的腦電波圖軌跡。在睡眠的過程中，腦絲毫沒有休息，尤其是忙著處理記憶；心臟、肺、腸道和腎臟等生命器官趁此時放鬆休息；免疫系統和組織維護系統則在趕工，加速完成它們的任務。

睡眠階段

1 淺眠期

身體：肌肉可能抽動，特別是眼睛、臉部、四肢的肌肉
腦電波圖：θ波

5-10

2 中度睡眠

身體：逐漸放鬆並靜止下來
腦電波圖：睡眠紡錘波、K複合波

45-50

3 深度睡眠

身體：所有的活動和動作都來到最低水平
腦電波圖：δ波（慢波睡眠）

15–25

4 快速動眼期

身體：閉著的眼皮底下，眼睛會迅速轉動；身體出現不規律的活動和動作，比如抽動
腦電波圖：α波和θ波

15–20

 占總睡眠時間的百分比（%）
（此處指的是成人；年齡越小，比例就會越上升）

對快速動眼睡眠的需求

每個人對睡眠的需求差異很大,擁有充足的快速動眼睡眠,對於身體健康而言極其重要。

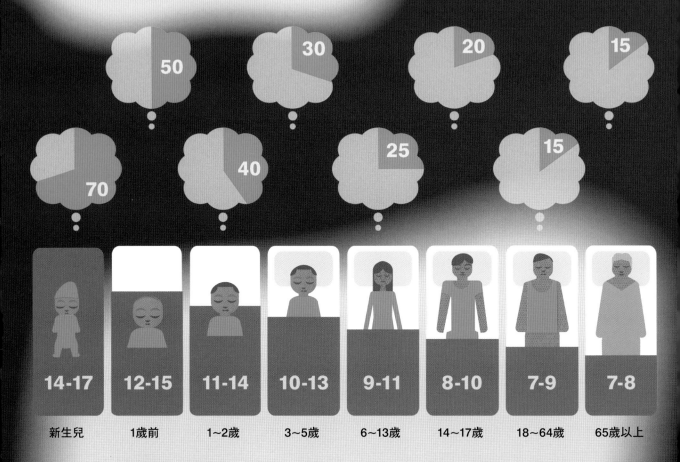

70	40		25		15		
50	30		20		15		
14-17	12-15	11-14	10-13	9-11	8-10	7-9	7-8
新生兒	1歲前	1~2歲	3~5歲	6~13歲	14~17歲	18~64歲	65歲以上

做夢時間

當人們在進行睡眠測試,測量腦電波圖及身體的其他功能,然後在快速動眼期把受試者喚醒,他們通常會說自己剛剛在做夢。夢有可能是讓人安心的、覺得古怪的、令人心神不寧的,也可能是真正的噩夢。從腦電波圖和掃描當中,可以看出腦的哪些部分參與做夢的過程,然而,想對夢進行解讀並發展出一套嚴謹的科學,還有很長一段路要走。

 每晚建議睡眠時間[1]　　 快速動眼期占總睡眠時間的比例(%)

註1:來自美國國家睡眠基金會指南

睡覺時，哪些部位會很忙碌？

昏昏欲睡的青少年

這是真的：要青少年在早上起床真的有困難。研究顯示，在青少年時期，人體生理時鐘和白晝生物節律的運行，往往會延遲一兩個小時。

安靜

1	運動（動作）中樞
2	觸覺中樞
3	初級視覺中樞
4	聽覺中樞
5	額葉：抑制有意識的訊號輸入

活躍

6	嗅覺中樞：強烈的氣味可以喚醒正在做夢的人
7	視覺聯合區：夢的意象
8	視丘：過濾許多輸入皮質的感覺訊息
9	杏仁核：將記憶與情緒連結起來
10	海馬迴：喪失短期的夢中記憶
11	延腦：維持基本的生命

人體的成長過程
GROWING BODY

嬰兒出生前的準備

生命的規則是：「所有的細胞都源於其他細胞」，這是藉由細胞分裂，即有絲分裂來達成。一個新生命的誕生過程也是如此，只是比較複雜。人體內每個細胞都有兩套基因物質，嬰兒是卵細胞和精子細胞結合之後發育而成的，如果這兩種細胞各有兩套染色體，那麼加起來就會有4套，成為四倍體。所以，這兩個細胞中的二倍體必須減半，變成單倍體，然後再融合為二倍體，成為新生命的開端。為了產生精子和卵子，就必須經過這種特殊的細胞分裂方式，稱為減數分裂。

**男性配子
的形成**

分裂間期
形成染色體對的DNA進行複製，生成兩組23對染色體。

第一次減數分裂前期／中期
染色體變得清楚。某些染色體可能與同源染色體進行片段的交換（互換），來產生基因變異。核膜解體。染色體排列在細胞的中心或赤道板上。

第一次減數分裂後期／末期
成對的染色體分開，每一對分別進入各自的新細胞。兩個子細胞的內核膜重新形成。此時，原來的一個細胞已經分裂成兩個，並且各有一套染色體。

**女性配子
的形成**

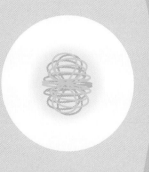  

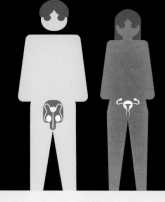

雄配子叫作精子，含有23條染色體，是形成合子所需數目的一半（合子是一個新生命的第一個細胞）。

雌配子叫作卵子，含有23條染色體，同樣是形成合子所需數目的一半（合子是一個新生命的第一個細胞）。

第二次減數分裂前期／中期
核膜解體。染色體在細胞中心或赤道板處隨機排列。

第二次減數分裂後期／末期
染色體對分離，各自進入新細胞。每個子細胞重新形成了核膜。

最初的細胞已經分裂成4個，每個細胞只獲得每種染色體中的其中一個。一個原始的雄性細胞產生4個精子，一個原始的雌性細胞產生一個卵子與3個極體（當中含有「備用」的染色體）。

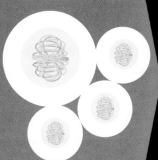

卵子的產生

當兩個生殖細胞（卵子和精子）結合在一起，開始創造一個新嬰兒時，雙方貢獻了相等份額的基因。卵子和精子各有23條染色體，每條染色體都是由一整條DNA構成的。但是，要產生成熟的生殖細胞，精子和卵子的生成過程很不一樣。以女性而言，是從青春期開始產生卵子，按照月經週期，大約每28天會有一個成熟，並在更年期停止製造卵子。精子的生成卻截然不同，它是24小時不間斷產生，但生成能力會隨著年齡增長而逐漸減退。

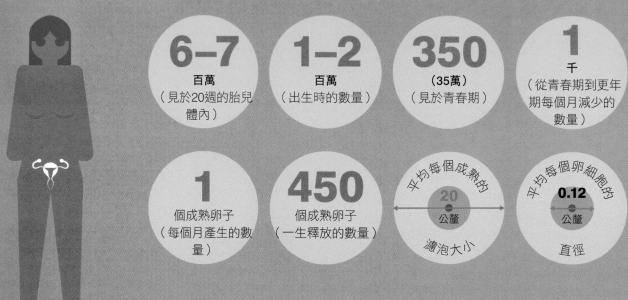

6–7	1–2	350	1
百萬	百萬	（35萬）	千
（見於20週的胎兒體內）	（出生時的數量）	（見於青春期）	（從青春期到更年期每個月減少的數量）

1	450	平均每個成熟的	平均每個卵細胞的
個成熟卵子	個成熟卵子	20 公釐	0.12 公釐
（每個月產生的數量）	（一生釋放的數量）	濾泡大小	直徑

生殖週期

女性生殖週期是透過激素來調整的，包括 FSH（濾泡刺激素）、LH（黃體成長激素）、雌激素和黃體素。

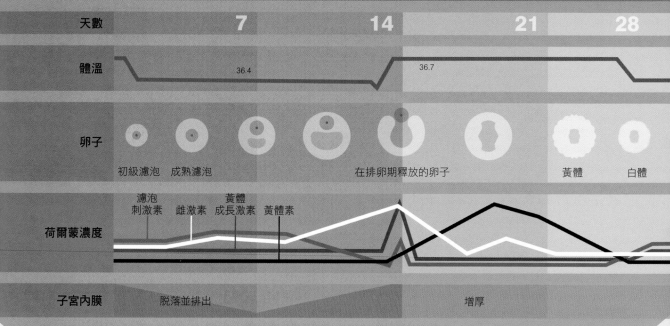

天數		7		14		21	28
體溫		36.4		36.7			
卵子	初級濾泡 成熟濾泡			在排卵期釋放的卵子		黃體	白體
荷爾蒙濃度	濾泡刺激素 雌激素 黃體成長激素 黃體素						
子宮內膜	脫落並排出			增厚			

精子的產生

男性的生殖細胞就是精子，精子的生成是一個持續的過程，數量龐大，在睪丸內每天都有數以百萬計的精子生長、成熟。這條生產線始於青春期，此後每天每時每刻都在進行，到男性年老後，數量會逐漸減少。然而，男性到了70多歲或80多歲，仍能透過自然的方式生出孩子。

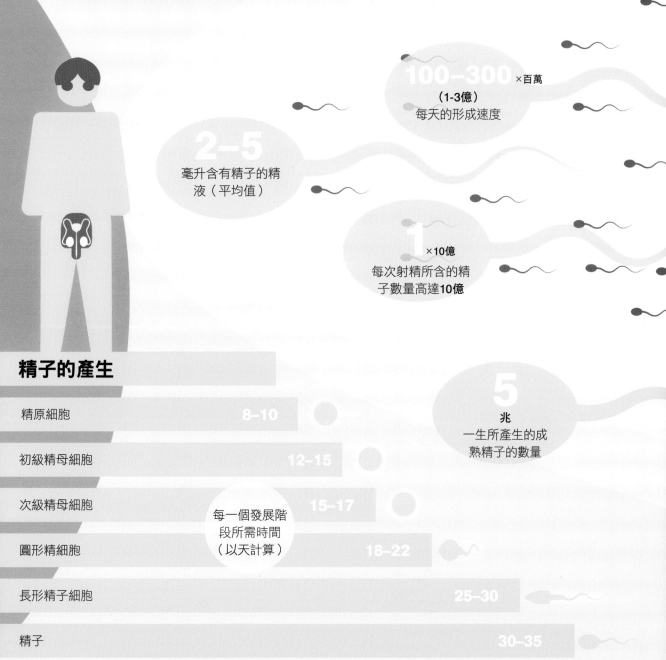

100–300 ×百萬
（1-3億）
每天的形成速度

2–5
毫升含有精子的精液（平均值）

1 ×10億
每次射精所含的精子數量高達10億

5 兆
一生所產生的成熟精子的數量

精子的產生

精子的產生	每一個發展階段所需時間（以天計算）
精原細胞	8–10
初級精母細胞	12–15
次級精母細胞	15–17
圓形精細胞	18–22
長形精子細胞	25–30
精子	30–35
發展和成熟的總時間	3個月以上

新生命開始

卵細胞和精子結合後，就開始形成一個新生命，這稱為受精，也可以稱為受孕或有性生殖。這個過程通常發生在輸卵管（卵子即是從卵巢而來），輸卵管連接著卵巢和子宮，子宮則是胎兒發育生長的部位。成功與卵子結合的精子，有可能是一百萬個精子當中的一個，更可能是十億個當中的一個；其他精子幾乎都沒辦法與卵子相遇，不僅如此，當一個精子接觸到卵子的瞬間，卵子就會阻止更多精子進入。受孕時，精子和卵子結合，開啟了令人驚嘆的生長和發育過程，9個月之後，就會形成一個皺巴巴、大哭大叫的小小人類。

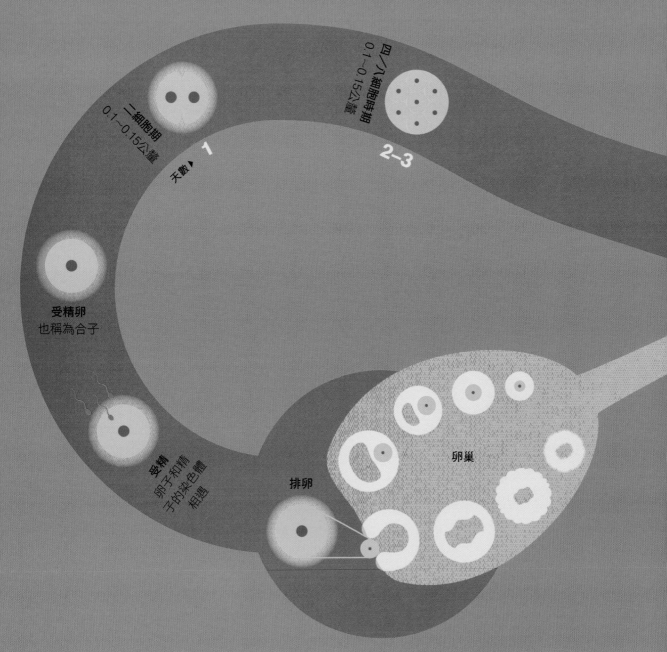

二細胞期
0.1～0.15公釐

天數▶ 1

四／八細胞時期
0.1～0.15公釐

2-3

受精卵
也稱為合子

受精
卵子和精子的染色體相遇

排卵

卵巢

受精的階段

1 只有幾百個精子到達卵子所在的位置

2 許多精子試圖與卵子接觸

3 頂體釋放酶，溶解透明帶和卵子外膜

4 精子頭部與卵子外膜融合

5 精子細胞核中的染色體進入卵子

6 卵子的透明帶和外膜變硬，防止更多精子與之融合

7 精子和卵子的染色體聚集在一起，受精卵為
第一次分裂做準備

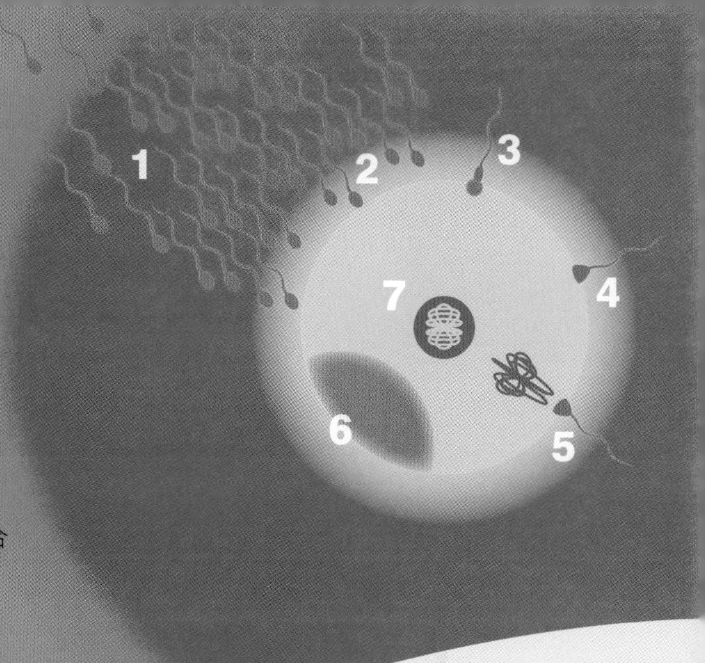

桑椹胚
0.1~0.15公釐

3-4

4-5

囊胚
0.2~0.3公釐

8-9

囊胚植入
囊胚的外層細胞植入子宮內膜

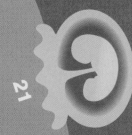

21

早期胚胎
出現腦、心和血管的最初跡象

實際大小
2公釐

妊娠時間表

寶寶生長在非常特別的部位：子宮。不過，子宮當中並非總是處於平和、寧靜的狀態。子宮上方有母親心臟跳動的怦怦聲，旁邊還有動脈中血液流動的呼呼聲；明亮的光線會穿透皮膚和子宮壁；突然的噪音也會驚嚇到寶寶，使他出拳或用腳踢。當寶寶的身體變大，意味著空間更擁擠，而且母親四處走動的時候，也會讓寶寶受到擠壓。

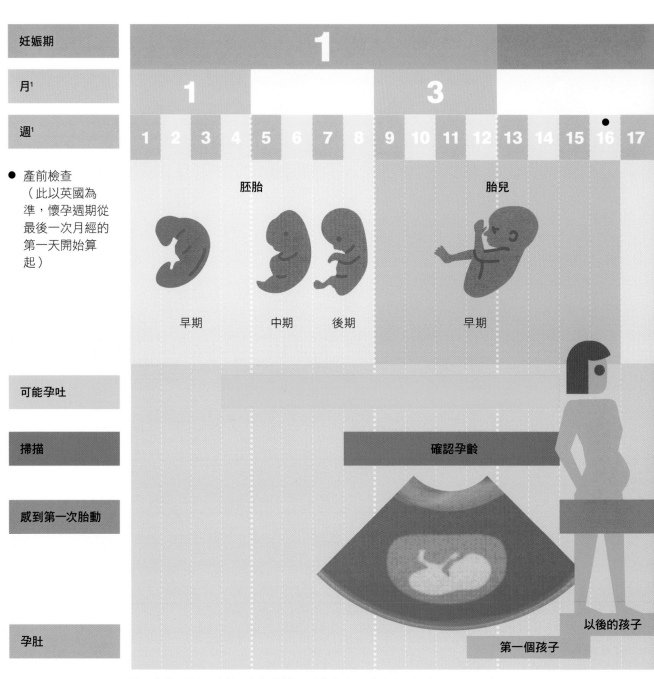

註1：指的是從卵子和精子完成受精起開始算的時間。有的時間表則是從母親最後一
次月經週期（妊娠前兩周）開始算，總計40週。

驗孕的準確性

大約受孕6天之後，可以從母親尿液中的人類絨毛膜促性腺激素（hCG）測出。

準確率%

受孕後天數

	60		90	97
	10		14	18

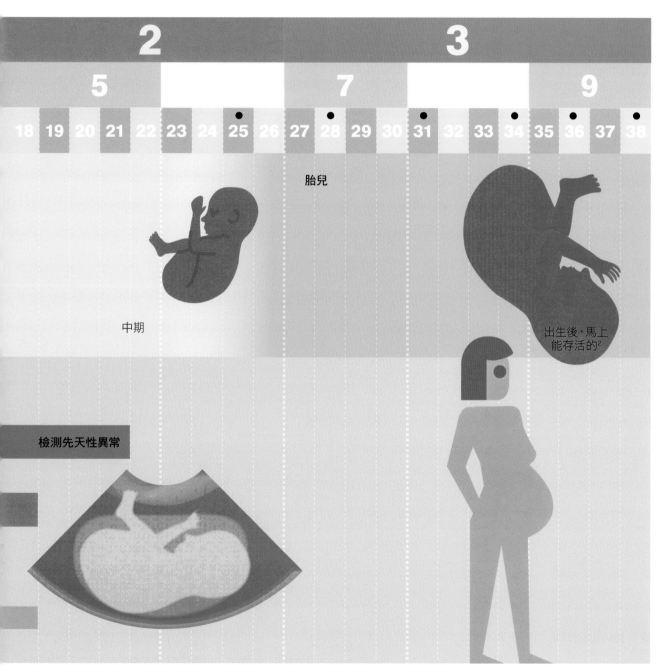

胎兒

中期

出生後，馬上能存活的[2]

檢測先天性異常

註2：根據不同的系統，存活期和週產期的定義可能也會有所不同，影響因素包括：新生兒照護
水準的改善、在特定發育階段中嬰兒存活比例提高……等等。

尚未出生的嬰兒

細胞增殖、移動、個別化……出生前9個月，這些變化時時刻刻都在發生。胚胎中的數百個細胞大幅增加，變成數千個，再變成數百萬個；這些細胞也會進行移動或遷移，形成交疊、團塊和薄片，逐漸構成器官的形狀。除此之外，它們還會分化，也就是說，從早期普通的全能幹細胞變成了不同種類的細胞，例如骨細胞、肌細胞、神經細胞和血細胞。

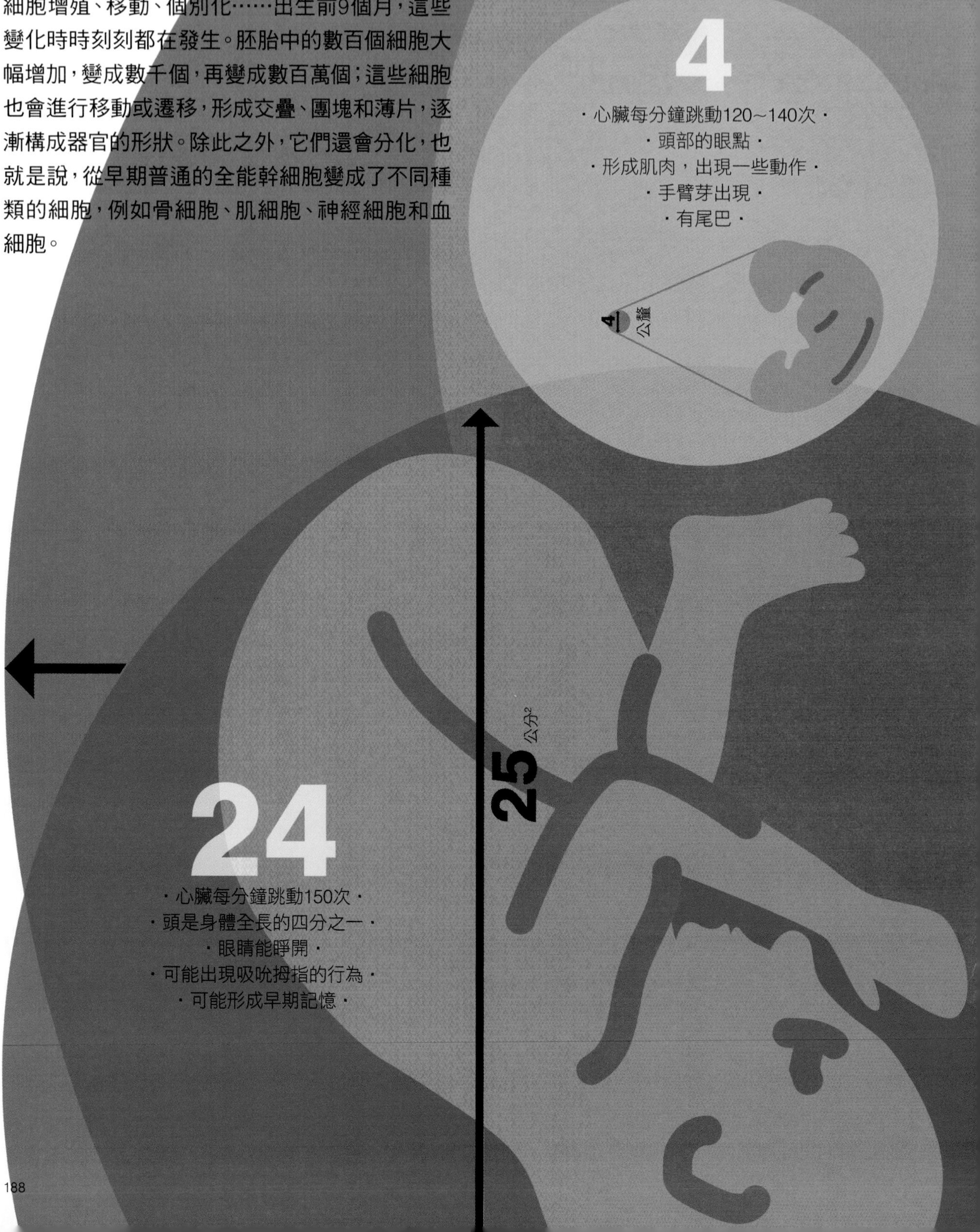

4

· 心臟每分鐘跳動120～140次 ·
· 頭部的眼點 ·
· 形成肌肉，出現一些動作 ·
· 手臂芽出現 ·
· 有尾巴 ·

4 公釐

25 公分²

24

· 心臟每分鐘跳動150次 ·
· 頭是身體全長的四分之一 ·
· 眼睛能睜開 ·
· 可能出現吸吮拇指的行為 ·
· 可能形成早期記憶 ·

週數[1]

8

· 開始看得出五官 ·
· 頭部跟軀幹差不多大 ·
· 形成手指和腳趾 ·
· 尾巴萎縮 ·
· 從胚胎進入胎兒階段 ·

15 公釐

16

· 可以看得出面孔 ·
· 所有的器官都形成 ·
· 上下頷出現乳齒芽 ·
· 所有的骨頭都有了形狀，雖然主要是軟骨 ·
· 脂肪開始在皮膚下積聚 ·

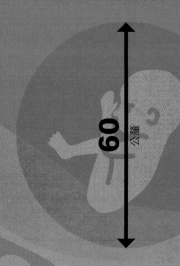

60 公釐

45–48 公分

36

· 胎毛（最初生長的柔軟毛髮）脫落 ·
· 指（趾）甲可能會長得超出手指和腳趾 ·
· 咳嗽和打嗝常見 ·
· 寶寶準備好要出生了 ·
· 體重3千多克 ·

註1：指從卵子和精子完成受精開始算的時間。
　　有些時間表是從母親的最後一次月經週期
　　（妊娠前兩周）開始算，總計40週。
註2：因為「胎兒」的姿勢通常是蜷曲的，所以
　　胚胎／胎兒的長度通常是指頭臀長，即從
　　頭頂到臀底部的距離。

誕生之日

生產過程花費的時間差異很大，從少於1小時到超過24小時不等；生第二胎所花的時間通常會少30%～40%，之後再生孩子的話，所需時間可能還會再減少10%～20%。在已開發國家中，由於發展出了更具輔助性、介入性、管理良好的生產方式，尤其是引產和剖腹產，所以出生的統計數字也受到影響。這意味著，如今在星期天出生的嬰兒比在平日出生的少，嬰兒出生數量最少的那一天常常是12月25日。

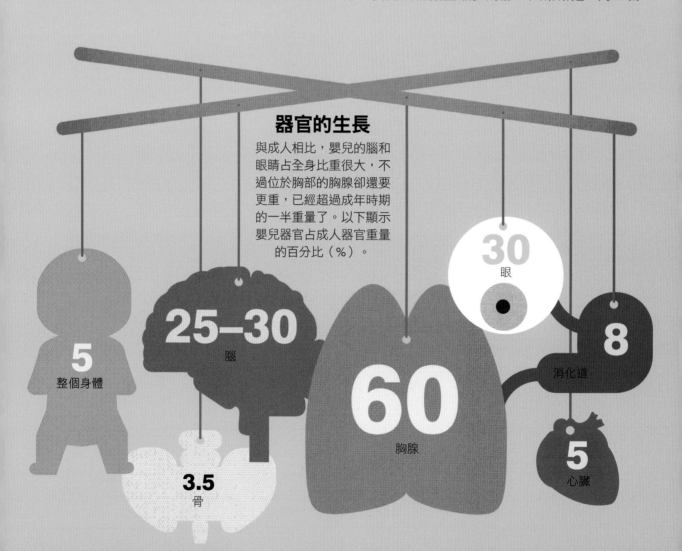

器官的生長

與成人相比，嬰兒的腦和眼睛占全身比重很大，不過位於胸部的胸腺卻還要更重，已經超過成年時期的一半重量了。以下顯示嬰兒器官占成人器官重量的百分比（%）。

5
整個身體

25–30
腦

3.5
骨

60
胸腺

30
眼

8
消化道

5
心臟

初為人母的分娩時間表

整體的平均時間為12～14小時。從第二胎開始，寶寶的出生時間通常較短，為6～8小時。

產程 **1**

時間（小時）： **6–8**

1期：早期
子宮收縮的強度和頻率逐漸增加

2期：活躍期

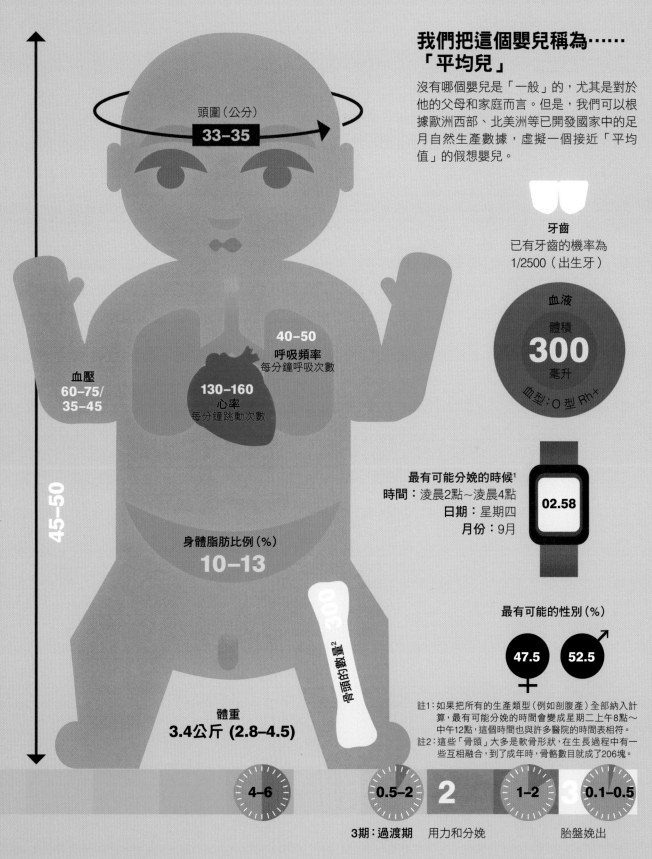

我們把這個嬰兒稱為……
「平均兒」

沒有哪個嬰兒是「一般」的，尤其是對於他的父母和家庭而言。但是，我們可以根據歐洲西部、北美洲等已開發國家中的足月自然生產數據，虛擬一個接近「平均值」的假想嬰兒。

頭圍（公分）
33–35

牙齒
已有牙齒的機率為
1/2500（出生牙）

血液
體積
300
毫升
血型：O 型 Rh+

40–50
呼吸頻率
每分鐘呼吸次數

130–160
心率
每分鐘跳動次數

血壓
60–75/
35–45

最有可能分娩的時候[1]
時間：凌晨2點~凌晨4點
日期：星期四
月份：9月

02.58

45–50

身體脂肪比例（%）
10–13

骨頭的數量[2]
300

最有可能的性別（%）

47.5 **52.5**

體重
3.4公斤 (2.8–4.5)

註1：如果把所有的生產類型（例如剖腹產）全部納入計算，最有可能分娩的時間會變成星期二上午8點~中午12點，這個時間也與許多醫院的時間表相符。
註2：這些「骨頭」大多是軟骨形狀，在生長過程中有一些互相融合，到了成年時，骨骼數目就成了206塊。

4–6   0.5–2   2   1–2   3   0.1–0.5

3期：過渡期   用力和分娩   胎盤娩出

從嬰兒到孩童

每一個嬰兒和孩童都是按照自己的速度來生長、發育，即使很早就會某種能力或技巧，也沒辦法斷定孩子能夠很快掌握其他能力，或是預測最終能力會到達什麼程度。某些起步比較慢的孩子，之後卻跑在前面，反之亦然；其他能力的發展也沒有固定的規律。如果偶爾還是會擔心，忘了「里程碑」這個時間概念或許有用。不過請放心，大多數孩子最終都會掌握這些能力的。

15

- 詞彙量增加到4至8個
- 玩球
- 可以亂畫出簡單的線條
- 透過幫助可以倒退走

12

- 模仿別人的動作
- 用手勢表示需求
- 會說一些詞語
- 能走幾步

18

- 獨自一人「看」書
- 開始把詞彙組成短語
- 用塗鴉來表達
- 堆出簡單的積木塔

21

狗狗

- 能爬樓梯，但要有人在旁看著
- 能說出圖片中的貓、狗等物體的名稱
- 踢球
- 能說含有2~3個詞的短語

5

- 會單腳跳或是跑跳步、盪鞦韆、攀爬
- 會使用動詞來說出完整的句子
- 能模仿畫出簡單的形狀，如圓形、三角形

2

- 發出咯咯、咕咕的聲音
- 能短暫地把頭抬起來
- 眼睛跟著移動的物體轉
- 用微笑做出回應

4

- 用咕咕聲回應講話
- 抬起頭時能維持更長時間
- 雙腳開始能夠承受體重
- 抓握物體

■ 月

9

媽媽
- 組合音節，發出類似詞語的聲音
- 能扶著東西站立
- 敲打東西、亂扔東西
- 可能會發出類似「媽媽」的聲音

6

- 把頭轉向聲音來源
- 往左右兩個方向翻身
- 試著拿東西往嘴裡放
- 不用扶就能坐穩

2
我我我

- 説出娃娃、動物玩具上的身體部位名稱
- 開始談論自己
- 把東西分類
- 可能會開始跳

2.5

- 能夠在他人幫助下刷牙
- 畫線條時畫出特別的角度
- 能穿容易穿的衣服
- 能單腳站立，短暫保持平衡

■ 年

4

1 2 3 4
- 理解簡單的計算
- 能長時間抓著球
- 搗碎並吃下自己的食物
- 畫畫時開始模仿字形

3

- 能單腳站立，保持幾秒鐘的平衡
- 用4~6個詞語組成句子
- 説出動作的名稱，例如跑、跳、滾
- 可以開始練習在白天用嬰兒小馬桶

成長

從嬰兒期到幼年期，再到逐漸長大的孩子、青少年和年輕人，這是一個奇妙的成長歷程。從出生開始到成年，身高增加了3到4倍，體重增加了20多倍。但是，剛出生時，身體各部位的比例跟成年後完全不同，生長的速度也不一樣。

生長曲線圖

如果一個孩子處於第50百分位，代表在100個同年齡的孩子當中，有一半的人比他高或重，另一半的人比他矮或輕。同樣地，如果一個孩子處於第90百分位，代表有10個人會比他高或重，90個人會比他矮或輕。

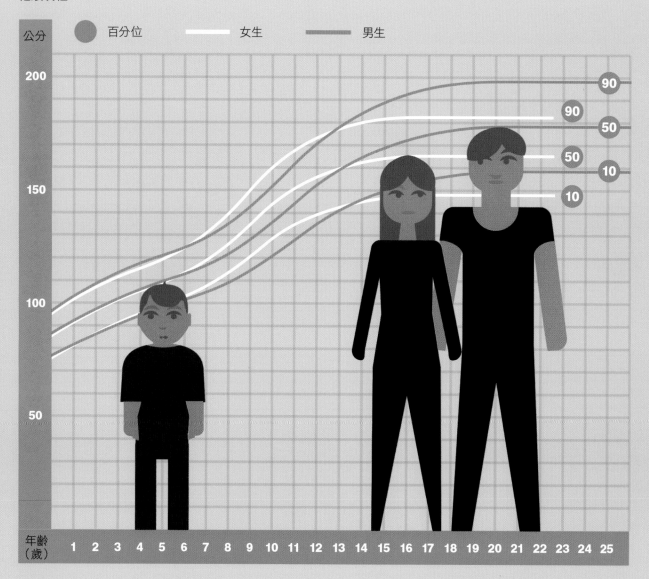

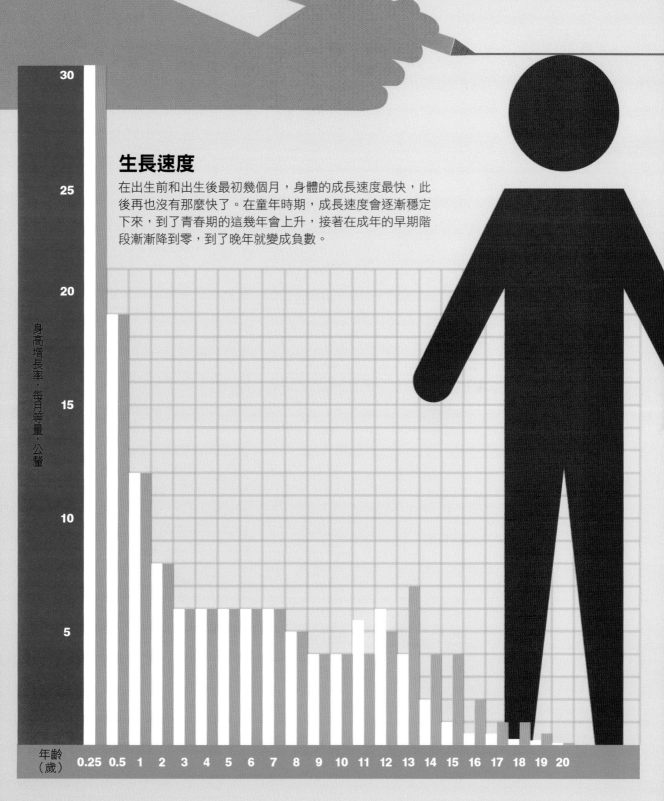

生長速度

在出生前和出生後最初幾個月,身體的成長速度最快,此後再也沒有那麼快了。在童年時期,成長速度會逐漸穩定下來,到了青春期的這幾年會上升,接著在成年的早期階段漸漸降到零,到了晚年就變成負數。

身高增長率,每月等量,公釐

年齡
(歲) 0.25 0.5 1 2 3 4 5 6 7 8 9 10 11 12 13 14 15 16 17 18 19 20

人能活多久？

「預期壽命」是很複雜的事。有的是大致預估全體人口在某個時間點的預期壽命；有的則按照性別和年齡加以分類，所以女性的預期壽命比男性長，年輕人跟老年人的預期壽命也不一樣；有的是針對在特定日期（哪個日期都可以）出生的嬰兒進行預測。一般來說，所有人的預期壽命都變得越來越長。當然，一個人的居住地、健康史，還有財富狀況也非常重要。

79
北美洲

79

各國國民預期平均壽命
以現在出生的嬰兒為對象，根據2012年至今這幾年的數據所估計（以歲為單位）。

全球平均預期壽命（歲）

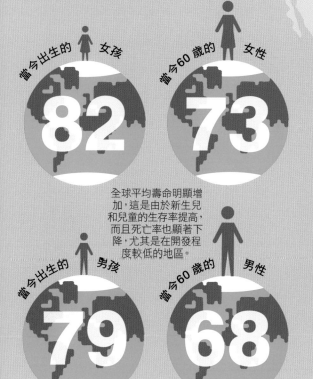

當今出生的 女孩
82

當今60歲的 女性
73

全球平均壽命明顯增加，這是由於新生兒和兒童的生存率提高，而且死亡率也顯著下降，尤其是在開發程度較低的地區。

當今出生的 男孩
79

當今60歲的 男性
68

75
中南美洲

80

不斷變化的預期壽命

這些統計數據來自英國，但歐洲西部和其他已開發地區的數據也很相似。

年分	1900	1910	1920	1930	1940	1950	1960	1970	1980	1990	2000	2010	2020
	51	53	57	61	61	68	72	73	75	76	78	80	82 估計

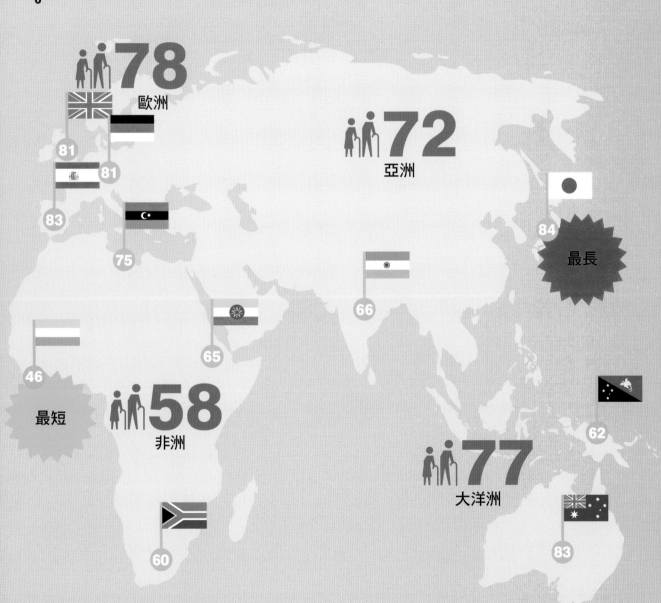

78 歐洲

81

81

83

75

72 亞洲

84 最長

66

65

46 最短

58 非洲

77 大洋洲

62

60

83

各大洲的出生預期壽命（以歲為單位）
指的是現在出生的嬰兒的預期壽命，根據 2012年至今這幾年的數據得出的估計值。

有多少個新生命？

每分鐘，全世界約有255個嬰兒出生，也就是說每秒鐘出生的嬰兒超過4個。但這不等於全球人口成長率，因為每分鐘約有105人死亡。所以，這個世界上每分鐘約增加150人，也可以說是每天21萬人——差不多是一個大城市的人口數目。聽起來很多，不過已經比幾十年前的人口成長率要低了。

■ 占全世界人口的百分比（％）

■ 每1,000人中的出生率

■ 自然人口成長率，用出生率減去死亡率（％）

■ 生育率，平均每個母親生育的嬰兒數目

| 8 |
| 13 |
| 0.4 |
| 1.8 |

北美洲

6
17
1.2
2.2

中南美洲

| 100 | 18 | 1.2 | 2.5 |

全世界

全球人口的增長率（％）

| 1500 | 1600 | 1700 | 1800 | 1900 | 1925 | 1950 | 1960 | 1963 | 1970 | 1980 | 1990 | 2000 | 2010 | 2020 |

估計值

| 10 |
| 12 |
| 0 |
| 1.6 |

歐洲

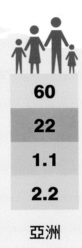

| 60 |
| 22 |
| 1.1 |
| 2.2 |

亞洲

世界人口成長率（％）

在1960年代初，地球上人口誕生的速度到達頂峰。近幾年來，新生兒的數目一直相當穩定，每年約為1億3000萬至1億3500萬。然而，人口成長率仍持續下降，這是因為人口總數還是維持上升，導致嬰兒占總人口的比例呈現下滑趨勢。

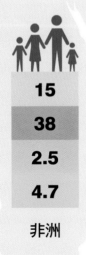

| 15 |
| 38 |
| 2.5 |
| 4.7 |

非洲

| 1 |
| 14 |
| 1.1 |
| 2.4 |

大洋洲

全世界的嬰兒

出生率受到許多因素的影響，包括當地的習俗、傳統、宗教、經濟條件，甚至是政府規定，比如說一對夫婦只能生一個孩子。

人口數量有多少？

所有在地球上生活過的人當中，每16個人裡面，大概只有一個人現今還活著。雖然人口成長率正在下滑（因為總人口不斷增加，出生人數所占的比例越來越小），但是就出生數量而言，人口是穩定增長的。人口數目是否即將到達上限？許多人認為，人類的生活模式已無法永續，即使人類憑藉足智多謀，透過農業和科技找到解決辦法，暫時解決難題，但是最後勢必會走向終點。

全球人口

除了幾次短暫的停滯外，全球人口的數量一直在增加，而且增加得越來越快。

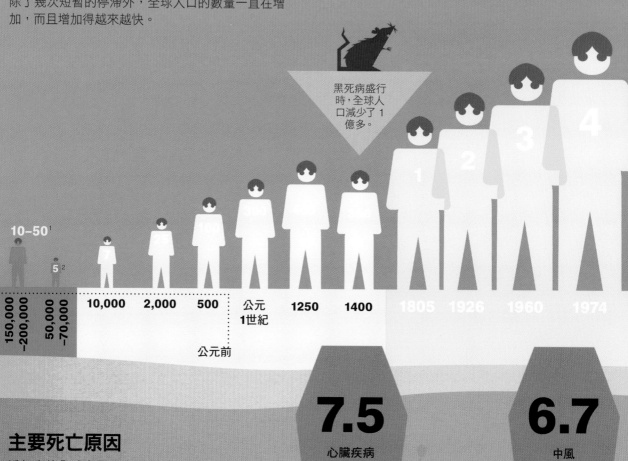

黑死病盛行時，全球人口減少了1億多。

10–50[1]

5[2]

150,000
–200,000

50,000
–70,000

10,000 2,000 500

公元前

公元
1世紀

1250 1400 1805 1926 1960 1974

主要死亡原因

近年來的全球主要死亡原因（單位：百萬人／每年）。

7.5
心臟疾病

6.7
中風

註1：人類這個物種的「創始者」是非洲東部地區的智人（*Homo sapiens*），這裡指他們的人口數目。

註2：基因、化石和氣候證據顯示，曾有一個「多峇瓶頸期」：由於位於蘇門答臘島多峇湖的超級火山噴發，現代人（也就是我們）和許多其他生命的數量都曾經大幅度縮減。

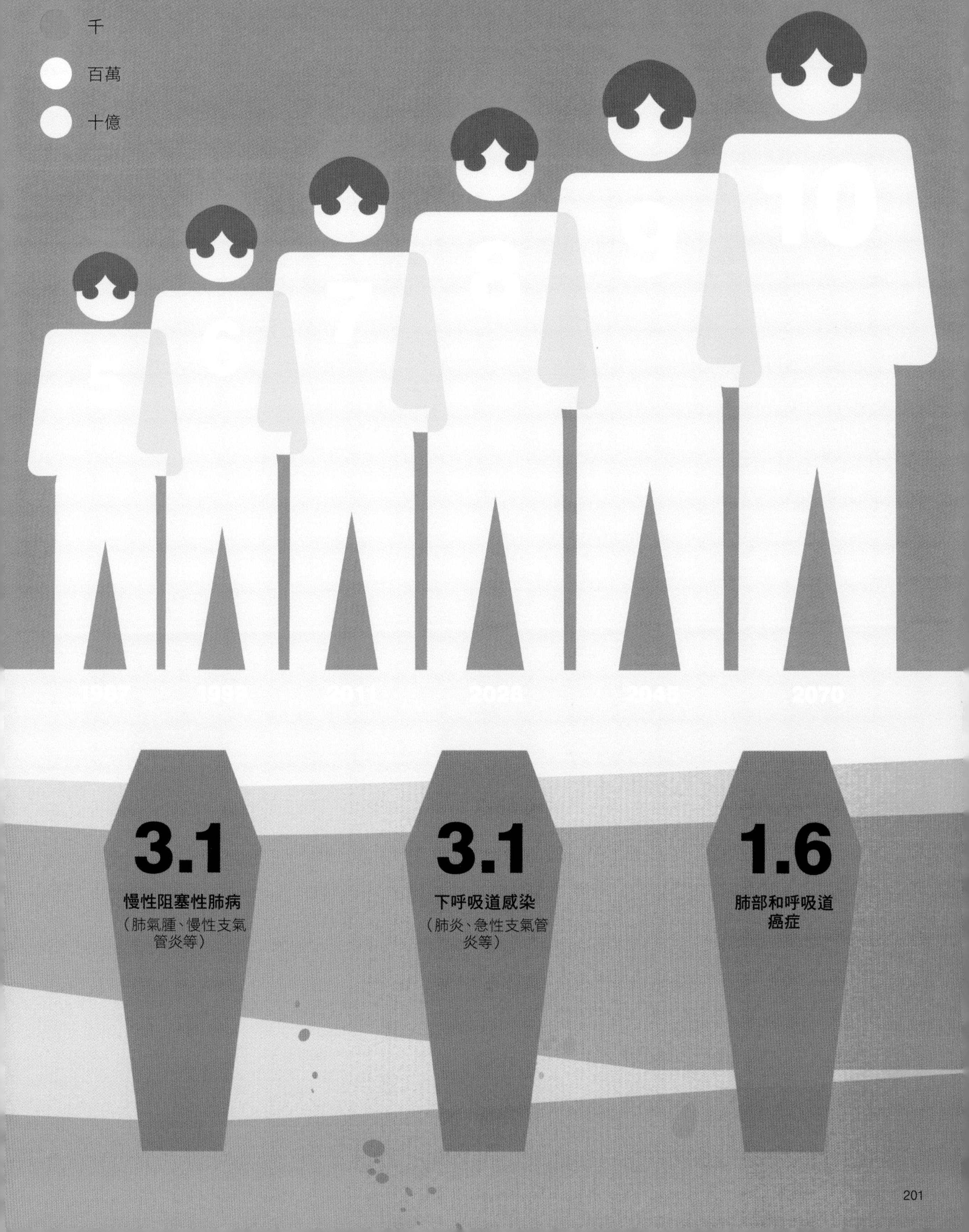

千
百萬
十億

5 1997
6 1999
7 2011
8 2028
9 2045
10 2070

3.1
慢性阻塞性肺病
（肺氣腫、慢性支氣
管炎等）

3.1
下呼吸道感染
（肺炎、急性支氣管
炎等）

1.6
肺部和呼吸道
癌症

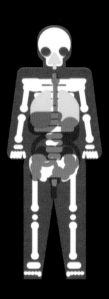

健康狀況不佳的原因

根據世界衛生組織的定義：「健康是指身體、精神和社會適應等方面都處於良好的狀態，不僅是沒有疾病或身體不虛弱。」健康狀況不佳可以分為很多種類型，原因往往會有好幾個，這些原因可分為以下幾類。

生活方式&環境

缺乏運動特別容易導致：
心臟疾病、中風、糖尿病、癌症和憂鬱症。

吸菸：
是導致健康狀況不佳的重大原因。

環境因素包括：
吸入和接觸毒素、衛生條件差引起感染、噪音過大、輪班打亂作息、艱困的社會狀況

心理問題包括：
壓力、焦慮、憂鬱

腫瘤&癌症

當細胞增殖失控時，就形成了腫瘤。

良性腫瘤是不會侵入其他組織，惡性腫瘤或癌症則不斷擴散或轉移。

原因和誘因有許多種，包括致癌物質（如抽菸的菸霧）、輻射（強烈的陽光、X光）、病菌、不良飲食等。

免疫系統&過敏

人體的免疫防禦系統出錯，開始攻擊自身的細胞和組織，叫做自體免疫疾病。這是許多疾病的因素之一。

例子包括：
花粉熱、食物過敏、第一型糖尿病

感染&傳染

由病菌和寄生蟲引起。

病菌的主要種類有：
細菌、病毒和原蟲

感染性疾病（病毒）包括：
癤和萊姆病（細菌）、感冒和伊波拉病毒（病毒）、瘧疾和睡眠病（原蟲）

寄生蟲包括：
體內的蛔蟲、條蟲和吸蟲，體表的跳蚤、蝨子和蜱蟲

受傷&創傷

因為遭受暴力所致（有可能是意外，也可能是蓄意的暴力）。
可能發生在任何地方：家中、旅途中、工作時、休閒時。
可能會產生長期影響。

退化

身體的細胞、組成部分和系統漸漸損耗，缺少適當的替換。

例子包括：
骨關節炎（物理關節）、阿茲海默症（神經細胞）、黃斑部病變（眼部組織）。

營養

不健康的飲食或過度飲食
可能是肥胖和許多疾病產生的一部分因素，並且直接導致其他疾病。

營養不良
導致大量的健康問題，如缺乏維生素。
不注重衛生和糟糕的食品製作方法
可能引起食物中毒。

暴飲暴食
比如酗酒，和許多健康問題有關。

代謝&生理

體內的無數化學過程出了問題。
原因可能包括飲食、遺傳、環境，
例如紫質症、酸中毒、血鐵沉積症。

基因&遺傳

出現有缺陷的基因，可能是由遺傳而來，或者是由於體內的突變。
有些是以相對簡單的方式從遺傳而來，例如鐮刀型紅血球疾病、囊狀纖維化。
許多疾病的基因組成或傾向不太明顯，例如乳癌、思覺失調症。

哪裡覺得不舒服？

診斷病情，需要辨認或確定生病的本質和原因。所有的醫生都會下診斷，不過有些醫生特別擅長診斷，進而成為了診斷專家。絕大多數醫務人員會承認，診斷是一門科學，需要理性考量病因和影響、以邏輯進行篩選；然而診斷也是一門藝術，需要仰賴懷疑和直覺。

腹部疼痛

腹部裡面有很多身體的部位和器官。
確定疼痛的部位有助於診斷，能提供線索找出疼痛的源頭。對疼痛的描述也很重要：是悶痛還是劇痛？持續性的疼痛或痙攣性的疼痛？像在燒灼的痛或刺痛？是不是與飲食或運動相關的痛？為了更精準確定疼痛部位，可將人體的軀幹劃分成幾個象限和區域。

看醫生

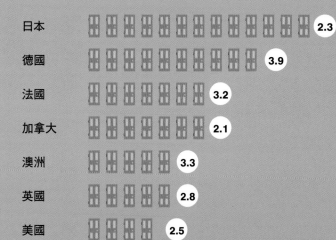

日本	2.3
德國	3.9
法國	3.2
加拿大	2.1
澳洲	3.3
英國	2.8
美國	2.5

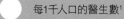

每1千人口的醫生數[1]

平均每年去看家醫科醫師的次數[2]

左季肋區
- 脾臟膿瘍、腫大、破裂
- 也可能牽涉到左肺或心臟

臍區
- 小腸、梅克爾憩室
- 淋巴結、淋巴瘤
- 早期闌尾炎

右髂區
- 闌尾、闌尾炎
- 大腸、克隆氏症
- 卵巢囊腫、發炎／感染 • 疝氣

腹上區
- 食道炎、狹窄
- 胃部發炎（胃炎）、潰瘍、脹氣、食物中毒
- 胰臟發炎（胰臟炎）

右腰區
- 右腎發炎、感染（腎盂腎炎）
- 輸尿管絞痛（腎結石阻塞在輸尿管中）

左髂區
- 大腸潰瘍性結腸炎、憩室炎、便秘
- 卵巢囊腫、發炎／感染
- 疝氣

右季肋區
- 病毒性肝炎、肝膿瘍
- 膽囊發炎（膽囊炎）、膽結石
- 有可能牽涉到右肺或心臟

左腰區
- 左腎發炎、感染（腎盂腎炎）
- 輸尿管絞痛（腎結石阻塞在輸尿管中）

腹下區
- 膀胱發炎、結石、尿滯留

註1：指的是所有正式合格的醫生。
註2：指的是正式合格的第一線照護的醫生。在老年人口比例越高的國家，人們就醫的次數就越多。

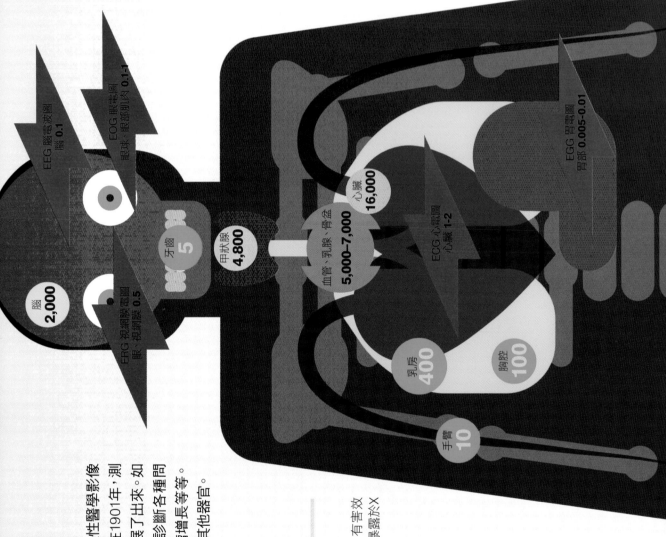

醫學檢查

1895年，由於發現X光，打開了非侵入性醫學影像檢查這個新世界的大門。隨後不久，在1901年，測量心臟電脈衝的技術（即心電圖）發展了出來。如今，藉由十餘種X光掃描方法，能夠診斷各種問題，例如誤吞迴紋針、動脈狹窄、腫瘤增長等等。心電圖的原理還已被應用於腦、眼和其他器官。

EEG 腦電波圖
腦 0.1

EOG 眼電圖
眼球、眼部肌肉 0.1-1

EGG 胃電圖
胃部 0.005-0.01

ECG 心電圖
心臟 1-2

腦 2,000

牙齒 5

甲狀腺 4,800

血管、乳腺、骨盆 5,000~7,000

心臟 16,000

乳房 400

胸腔 100

手臂 10

ERG 視網膜電圖
眼、視網膜 0.5

輻射暴露

發現X光的同時，人們也很快地知道它們的有害效果。大多數地區有法規限制病患（和經常暴露於X光的員工）能夠接受X光輻射的劑量。

μSv：微西弗，一種輻射劑量的單位。
0.1~1 機場掃描儀
3,000 年平均環境中的暴露量
20,000~30,000 全身電腦斷層攝影

核醫掃描

電腦斷層攝影

X光片

冠狀動脈造影

非侵入性人體攝影的發展

X光 **1895**
X光對照成像 **1896**
心電圖 **1901**
超音波 **1949**
C(A)T 電腦(軸向)斷層掃描 **1972**
PET 正子斷層掃描 **1973**
磁振造影 **1977**

腹部骨盆 **15,000**

肌肉、淺表組織 **10,000-15,000**

腹部、胎兒 **2,500-3,500**

EMG 肌電圖 骨骼肌 **0.05-30**

EDA 皮膚電流活動 皮膚：無法得到數據

常用電壓 mV

常用波長頻率 kHz

電流記錄

以電極貼片或觸點與人體表面接觸，檢測微小的自然電脈衝，這些電脈衝是由電腦、神經、心臟和身體其他部位發送出來的。

超音波

超音波是一種頻率極高、高到我們耳朵聽不見的聲波。我們可以調整超音波，照出身體不同部位的樣貌。

1 kHz=每秒1000次聲波
10 老年人的聽覺上限
20 年輕人的聽覺上限
60 狗的聽覺上限
200 蝙蝠的聽覺上限
2,500~15,000 醫用超音波

磁振造影（MRI）

磁振造影，即核磁共振，是一種透過極其強大的磁場，使人體內一部分原子朝同一方向整齊排列的造影技術。

特斯拉是量度磁場強度的單位（每平方米、每安培多少公斤），即每平方公尺多少韋伯（每平方秒、每安培多少公斤）。

0.00005 地球自然磁場
0.005 冰箱貼的磁鐵
1 廢料場回收的磁鐵
1.5~3 一般MRI掃描儀（人類）
7~15 高強度MRI掃描儀（動物）
50以上 科學研究專用磁鐵

註1：mV =毫伏 =0.001或千分之一伏特。這些設備中，有許多測量的是電壓的變化，而不是產生的電壓。

註2：包括GSR，即皮膚電流反應。是測量皮膚的導電性，而不是皮膚產生的電能。這與多種電波動記錄器或「測謊機」的原理類似。

外科醫學

手術（在人體上進行操作並改變人體）已經不再侷限於使用「手術刀」，還包括注射、化學物質、雷射和許多其他處置。全球的手術率落差很大，某種程度上，這反映了每個國家的健康問題、年齡結構，以及健康和醫療照護。例如，抽脂手術（移除脂肪）在已開發國家較常見，白內障手術則相對多見於老年群體。

動了多少手術？

以下是一年進行超過一次外科手術的人口比例。

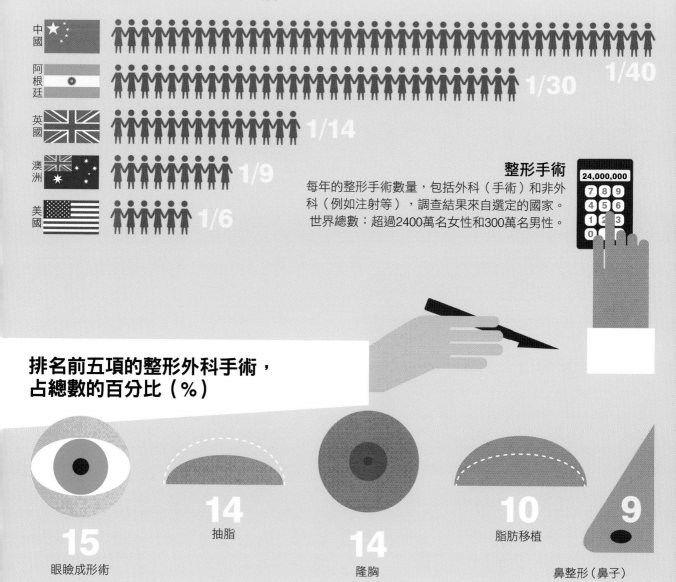

中國

阿根廷　　1/30　　1/40

英國　　1/14

澳洲　　1/9

美國　　1/6

整形手術

每年的整形手術數量，包括外科（手術）和非外科（例如注射等），調查結果來自選定的國家。
世界總數：超過2400萬名女性和300萬名男性。

24,000,000

排名前五項的整形外科手術，占總數的百分比（％）

15
眼瞼成形術

14
抽脂

14
隆胸

10
脂肪移植

9
鼻整形（鼻子）

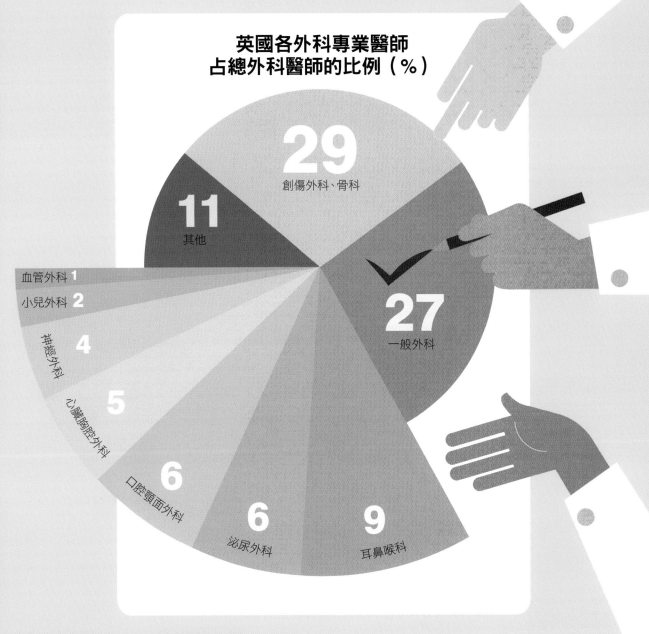

英國各外科專業醫師
占總外科醫師的比例（％）

29 創傷外科、骨科

11 其他

27 一般外科

血管外科 **1**

小兒外科 **2**

神經外科 **4**

心臟胸腔外科 **5**

口腔顎面外科 **6**

泌尿外科 **6**

耳鼻喉科 **9**

白內障手術

白內障摘除術是世界上最普遍常見的外科手術，能提高生活品質、經濟實惠。

以下為全球白內障手術人數，以百萬為單位（估計值）：

6.5 1990

12 2000

20 2010

32 WHO Vision目標 2020

醫療藥物

除了普通飲食外，其他任何會引起身體變化的東西其實都是藥物。藥物有很多種，有救命的抗生素和抗血栓藥物，也有會危害生命、被濫用的藥物。每年，全球批准通過的藥物越來越多，藥品費用的增長也越來越快。隨著我們對疾病和基因了解更加深入，加上最新針對個人狀況合成藥物的方式越來越快、越來越便宜，我們也即將迎來「個人化醫療」的新時代。

處方藥和藥物分類

全球常見的7種處方藥，是按照學名（化學名）、類別或治療作用來分類。

氫可酮
緩解疼痛（麻醉）、止咳（常與乙醯氨酚、布洛芬合用）

抗高血壓藥、血管張力素轉化酶抑制劑、鈣離子阻斷劑
降低高血壓，用於心臟疾病

史達汀類
降低LDL（低密度脂蛋白），它是「壞」膽固醇

二甲雙胍
口服抗糖尿病藥物

左旋甲狀腺素
甲狀腺素缺乏

氫離子幫浦阻斷劑
胃食道逆流、消化性潰瘍和出血

阿奇黴素
（類似的還有安莫西林）針對細菌性疾病的抗生素

改變世界的醫療藥物

1805
嗎啡
可有效緩解疼痛，但使用上仍然必須受到控管，以防止成癮。

1830s
阿斯匹靈
緩解疼痛、抗血栓、抗發炎，目前仍持續發現其他新功效。

1909
砷凡納明
（商品名為灑爾佛散）
用於治療梅毒，是用於化療的第一種「靈丹妙藥」。

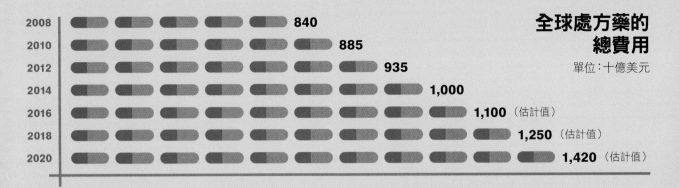

全球處方藥的
總費用

單位：十億美元

年份	費用
2008	840
2010	885
2012	935
2014	1,000
2016	1,100（估計值）
2018	1,250（估計值）
2020	1,420（估計值）

品牌處方藥

以下是根據近年（自2012年開始算）的平均銷量，選出7種全球銷售最多的藥物，同時也列出它們的品牌或商品名，並在括號中標註學名或化學名。

立普妥（阿托伐他汀）
降低LDL膽固醇

耐適恩（埃索美拉唑）
胃食道逆流及相關症狀

保栓通
（氯吡格雷）
「血液稀釋劑」
治療中風、心臟
病發作等

思樂康（喹硫平）
精神疾病，如思覺失調症、躁鬱
症、重度憂鬱和相關症狀

欣流（孟魯司特）
氣喘、過敏及相關
症狀

安立復（阿立呱唑）
精神疾病，如思覺失調症、躁鬱
症、重度憂鬱和相關症狀

使肺泰（沙美特羅
和氟替卡松）
氣喘、慢性阻塞性
肺病與相關疾病

1921
胰島素
第一種荷爾蒙補充療
法，用於治療糖尿病，
大獲成功

1927
青黴素
第一種主要的抗
生素，在二戰末
期大量生產

抗精神病藥物（例如氯
丙嗪、氟哌啶醇），幫
助控制思覺失調症和其
他精神疾病

1962
弗西邁
用於治療心臟疾病、心
臟衰竭、高血壓（取代
毛地黃）

與癌症抗爭

有200種以上的癌症，會對人體各個部位產生影響。

癌症會產生的原因是細胞發生了變化或突變，這些細胞未依循同類細胞通常預設好的生命週期。反而不受控制地開始增殖。它們形成惡性或致癌的腫塊、擴散至身體其他部位，在該部位生長，這個過程稱為轉移。最近幾十年來，許多癌症的預期壽命持續增加，有些甚至大幅增長。

全球情況

近年來，被確診罹患癌症者每年有1400萬人，即每分鐘27人；死於癌症者每年有800萬人，即每分鐘16人。

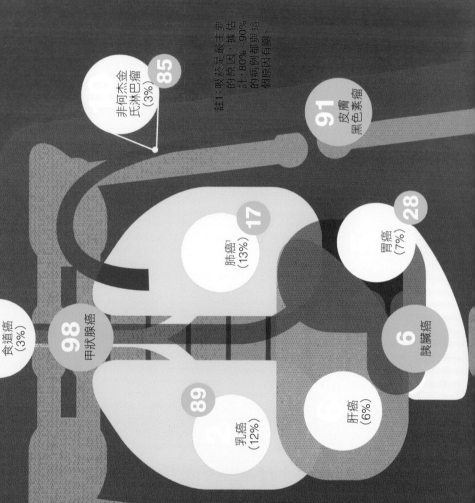

10
種
全球最常見
的癌症

非何杰金氏淋巴瘤 (3%) 85

皮膚黑色素瘤 91

肺癌[1] (13%) 17

胃癌 (7%) 28

食道癌 (3%) 8

甲狀腺癌 98

胰臟癌 6

乳癌 (12%) 89

肝癌 (6%)

註1：吸菸是最主要的原因，據估計，80%~90%的病例都與這個原因有關。

存活率（%）

這裡顯示的是特定癌症的5年存活率，即確診癌症後過5年仍存活的患者比例。

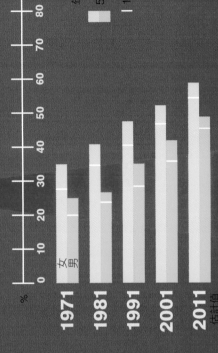

83 子宮體癌

68 子宮頸癌、子宮體癌（4%）
子宮頸癌

膀胱癌（3%）

99 前列腺癌（8%）

65 結腸癌、直腸癌（10%）

95 睪丸癌

癌症患者的存活率

包括除了非黑色素瘤皮膚癌之外的各種癌症（英國）

一年＝確診時間
5年存活率
10年存活率

%

1971　女　男
1981
1991
2001
2011 估計值

0 10 20 30 40 50 60 70 80 90 100

各國的癌症病例數目

此處顯示依年齡為基準的罹癌診斷率，是根據年齡結構調整過的數字，而不是根據這個國家的年齡分布曲線所顯示的數字，這樣能得到較為合理的比較結果。

單位為每年每10萬人。

338 丹麥
325 法國
321 比利時
318 美國
307 愛爾蘭
284 德國
273 英國
256 芬蘭
234 保加利亞
217 日本

人體的備用部位

義肢是人造或合成的身體部位,大家希望它們既看起來像真的一樣,而且像真的身體器官那樣發揮理想功能。有些義肢是可以穿戴的,比如腿部義肢和假牙;其他則需要透過手術來嵌入或植入體內,例如心臟節律器。所謂的移植器官則是真正的、活生生的身體部位,通常是由他人捐贈。醫療的進步和對移植器官的需求量,已經超越了移植器官的供給——因此在大部分地區,多數器官都有一份等候名單。

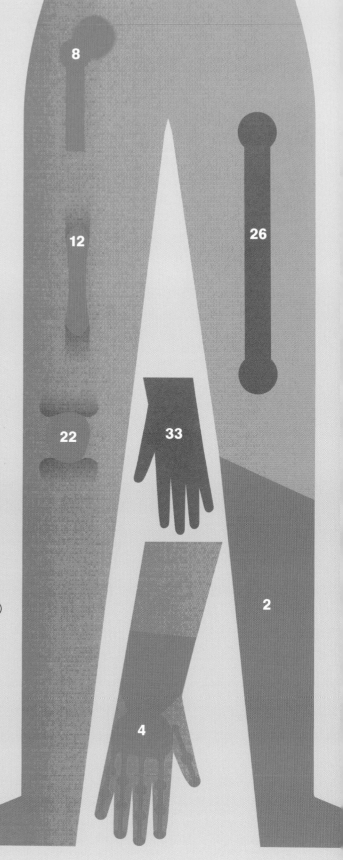

1	公元前1000年	人造腳趾(埃及木乃伊)
2	公元前300年	腿部義肢(現存最古老的義肢)
3	公元前700年	假牙(前羅馬時代)
4	16世紀	假手(機械連接的肢體,有活動的關節)
5	1790年	假牙(固定的一整副)
6	1901年	血液(同型輸血)
7	1905年	眼角膜移植
8	1940年	人工髖關節(在1960年代有大幅改進)
9	1943年	腎透析儀(固定式)
10	1950年代	人工肩關節(標準設計)
11	1952年	機械性心臟瓣膜(球-殼式/球-瓣式設計)
12	1953年	人工血管(合成材料)
13	1954年	腎臟移植
14	1955年	心臟瓣膜移植
15	1958年	植入性心臟節律器
16	1960年代	仿生肢體(透過殘肢的訊號進行控制)
17	1962年	人造乳房植入物(矽膠)
18	1963年	肺臟移植
19	1967年	胰臟移植
20	1966年	肝臟移植
21	1967年	心臟移植

22	1968年	人工膝關節（持久耐用）
23	1968年	多器官移植
24	1970年代	植牙（永久可用，現代技術）
25	1972年	人工耳蝸植入（最早獲得實際好處）
26	1973年	骨髓移植
27	1978年	攜帶式腹膜透析（洗腎）
28	1981年	心肺聯合移植
29	1982年	人工心臟（Jarvik-7號）
30	1988年	小腸移植
31	1993年	胰島細胞、胰臟移植（糖尿病）
32	1996年	人工皮膚膜（用於燒傷）
33	1998年	手部移植
34	2005年	部分臉部移植
35	2008年	人工呼吸道（氣管）（組織建造）
36	2010年	全臉移植
37	2011年	視網膜植入物（最早獲得實際好處）

在人體器官移植中，最早有明顯成效、或者是最早真正成功的案例。

最早看到實際成效的人體移植部位和植入物。

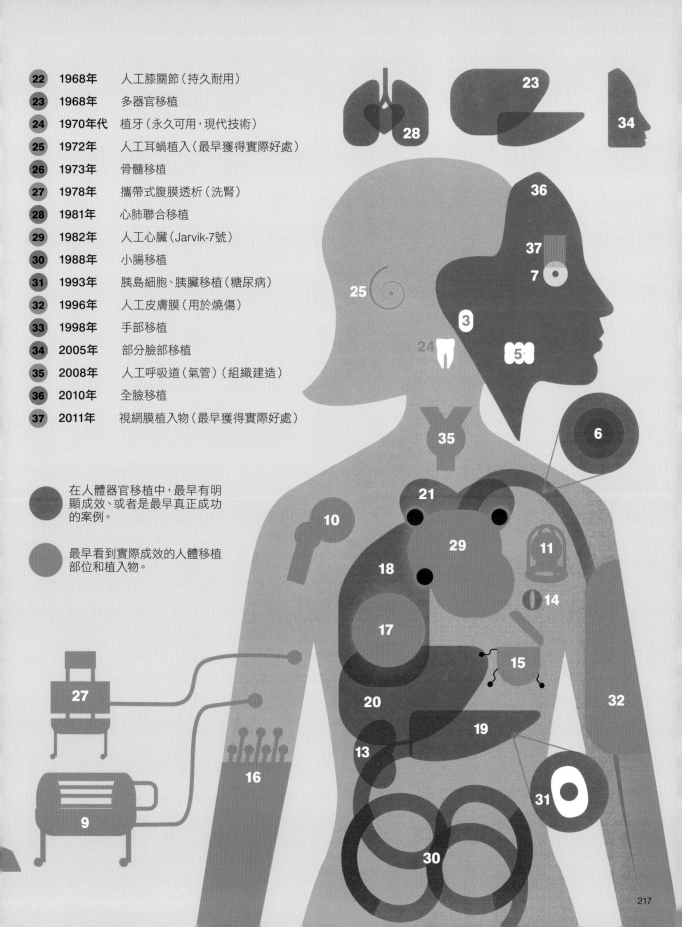

217

嬰兒和藥物

經過一年的「嘗試懷孕期」，10對夫婦中有8對會懷上寶寶（對女性而言，年齡上限通常是45歲），剩下的兩對夫婦可能會開始考慮其他建議方式，而再經過一兩年，也許會考慮醫療幫助，即人工受孕（ART，輔助生殖技術）。當然，也有人說不定是想要相反的效果：採取各種方式避孕或節育。

人工受孕

成功率難以判斷，因為有些治療方式需要將精子和卵子存放在「銀行」，供將來使用，此外要成功生育還牽涉到許多因素，例如年齡、荷爾蒙的狀況、醫生的專業程度等等。平均而言，在嘗試人工受孕的婦女當中，有30%～50%在3年內會懷孕。

生育藥物
刺激或調節荷爾蒙週期和排卵，使成熟卵子從卵巢排出。男性的同類型藥物當中會包含睪固酮。

輸卵管內精卵植入術（GIFT）
把健康的成熟卵子和精子植入輸卵管。早期階段與體外人工受精（IVF）相似。

人工授精／非配偶間人工授精／子宮內人工授精（AI/DI/IUI）
把來自伴侶或捐贈者的精子加以處理，以獲得更高的懷孕率，然後在排卵期置入子宮頸或子宮。

輸卵管內受精卵植入術（ZIFT）
早期階段與IVF（體外受精）相似。將受精卵／早期胚胎（合子）植入輸卵管。

手術
例如治療女性的輸卵管狹窄或堵塞、纖維樣瘤和其他子宮相關疾病；治療男性的睪丸或輸精管相關疾病。

代孕
要懷孕有很多方法，如人工受精、體外人工受精，過程中可以使用女方或捐贈者的卵子、男方或捐贈者的精子，由另外一名女性（代孕者）負責懷孕。

避孕

以下是在全世界，針對各種避孕方法在日常生活中真正效果的評估，而非理論上或正確使用時的效果。數字顯示的是在一年內，每100名採取該種避孕法後懷孕的人數。

1 女性皮下植入荷爾蒙
（少於）

70-80 未採取避孕措施

2-10 男用保險套

1-5 避孕藥（包含不同種類）

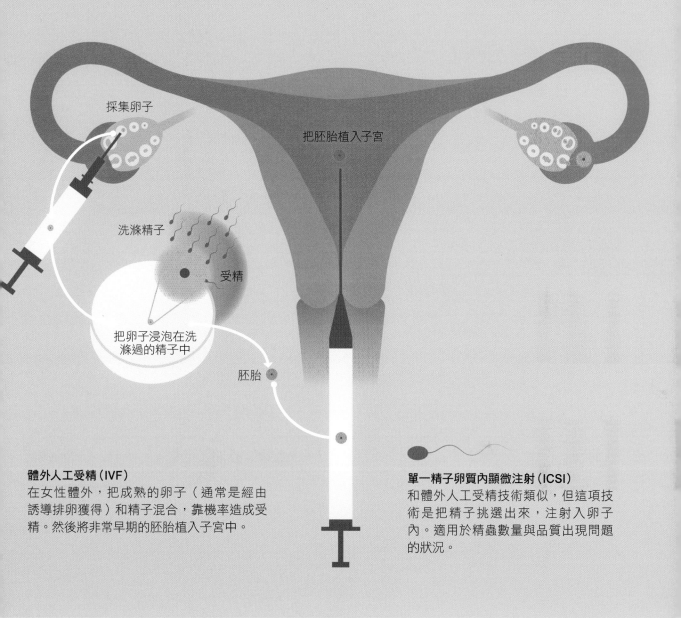

採集卵子

把胚胎植入子宮

洗滌精子

受精

把卵子浸泡在洗
滌過的精子中

胚胎

體外人工受精（IVF）
在女性體外，把成熟的卵子（通常是經由
誘導排卵獲得）和精子混合，靠機率造成受
精。然後將非常早期的胚胎植入子宮中。

單一精子卵質內顯微注射（ICSI）
和體外人工受精技術類似，但這項技
術是把精子挑選出來，注射入卵子
內。適用於精蟲數量與品質出現問題
的狀況。

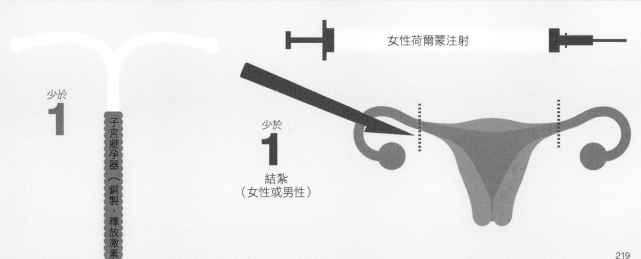

少於

1

子宮避孕器
（銅製，釋放激素）

女性荷爾蒙注射

少於

1

結紮
（女性或男性）

多健康，多幸福？

在過去的幾十年間，針對一個人是否健康、快樂和幸福的評量，有了大幅的進展。部分原因是政府、衛生保健、社會及醫療工作者等許多人一同參與，決定如何評量這些抽象的概念。例如，應該納入哪些因素？哪些因素是最重要的？問題該怎麼設計？當這些參與討論者達成一致的共識，就代表能夠制定可以長時間追蹤的指標，並且將不同的地區和國家相互比較。

吊車尾
5

前段班
5

幸福指數

7.43

7.56

7.12

7.19

5.82

6.98

影響健康和幸福的因素

收入和財富

工作、收入、職業前景

居住、生活條件

周圍環境和整體大環境的品質

健康狀況

工作與生活的平衡

教育經歷和滿足感

事業上的成就

社交生活、人脈、家庭和朋友

對公民活動和政府當局事務的參與度

個人安全感

個人狀態是否良好的主觀感受

最快樂的階段

調查發現，在不同地區，體會到幸福感的年齡層也各有不同。

澳洲	11–20	70–79		美國	60–70	21–30	70–80
法國	60–70	21–30		英國	50–60	60–70	21–30
俄羅斯	21–30	61–70					

7.59

7.52

7.52

6.87

6.57

6.75

5.01

6.33

3.01

5.99

5.14

3.99

6.90

4.51

3.34

4.25

3.46

2.91

2.84

5.48

7.29

最幸福的國家

「2015世界幸福報告」中
（由聯合國發表）使用的指標包括：

健康
例如：預期壽命

經濟
例如：人均GDP

社會支持
例如：危難時刻的朋友

貪腐
例如：拿回扣

慷慨
例如：做出仁慈行為的可能性

做人生抉擇的能力
例如：自己選擇伴侶而不是指定的伴侶、什麼時候生小
孩、什麼時候退休

詞彙表 （按筆劃排列）

DNA 去氧核糖核酸，是人體的基因物質，支配著遺傳。

ECG（心電圖） 測量心臟的電脈衝。

EEG（腦電波圖） 測量腦的電活動。

下視丘 腦的一部分，跟人體的情緒表現有關。

大腦 腦中最大的部分，由兩個大腦半球組成，負責思考、動作、感覺和溝通。

小動脈 動脈的小分支，進一步分支形成微血管。

小腦 位於腦的下後方，與肌肉的協調有關。

小靜脈 靜脈的小分支，收集來自微血管的血液。

中軸骨 由顱骨、面部骨骼、脊椎骨和胸骨組成的骨骼部分。

中腦 腦的一部分，與人體的自動維護有關。

內分泌系統 由生成並分泌激素（調節細胞或器官運作）的腺體組成。調節生長、代謝、性發育和許多其他過程。

代謝 用以描述人體每個細胞中發生的化學反應、變化和過程（當中有許多都是相互關聯、相互依存的）。

布洛卡區 腦中涉及語言（尤其是説話）的部分。

本體感覺 知道或能夠意識到身體部位的所在位置、姿勢和動作。

生物節律 人體各項功能正常運行的循環週期，如睡眠／清醒模式以及體溫的波動。

甲狀腺 位於頸部，調節新陳代謝和人體運作過程的速度。

皮膚系統 與皮膚、毛髮、指甲和汗腺有關的人體系統，負責保護、調控溫度和清除廢物。

皮質 腦中的「灰色物質」，是覺察和絕大多數有意識的思維過程發生的區域。也是大腦的外層。

交感自主神經系統（SANS） 讓身體做好準備，以進行激烈的體力活動，即戰或逃反應，包括心率和呼吸頻率增快，使身體可以更有效率地反應。

合子 受精後，新個體的第一個細胞。

有絲分裂 無性細胞分裂的過程，結果是產生兩個相同的細胞。

羽狀角 指肌纖維的角度，它會影響肌肉施力的大小、肌肉和骨骼協同作用的方式。

自主神經系統（ANS） 人體神經系統的一部分，自動控制人體內的運作，比如消化、心跳和呼吸。由交感神經系統和副交感神經系統組成。

自體免疫 人體對自身的健康細胞和組織所產生的免疫反應。

血紅素 血球中的紅色化學物質，攜帶氧氣運送到全身各處。

伸肌 伸直或伸展關節的肌肉群。

杏仁核 腦中與處理記憶、鞏固記憶以及情緒相關的部分。

角蛋白 在毛髮和指甲中發現的纖維蛋白。

身形指數（ABSI） 衍生自BMI，包含腰圍，為計算體脂分布狀況。ABSI的計算公式：腰圍（公尺）／（BMI2／3 *√ 身高[公尺]）。

身體質量指數（BMI） 與體重、身高相關的公式，與健康可能有關。該公式是體重（公斤）除以身高（公尺）的平方（體重÷身高^2）。

周圍神經系統 指的是人體中除了腦和脊髓以外的其他所有神經。

屈肌 彎曲關節的肌肉群。

延腦 是低位腦的部分，和許多自動的（自主神經或非隨意的）過程、活動和反射動作有關，包括心率、呼吸頻率、血壓和消化活動。

松果腺 腦中能產生褪黑激素的腺體，功能是調節睡眠／清醒模式。

穹窿 是腦的一部分，調控記憶的情緒部分。

肺泡 肺中的微小氣囊，會形成巨大的表面，用於進行氣體交換。

附肢骨骼 構成上肢和下肢的骨骼部分。

青春期 性器官和身體逐漸成熟的發育階段。

前庭系統 與平衡有關的內耳結構的總稱。

染色體 攜帶人體整套基因指令的DNA片段。人類有23對染色體。

突觸 神經細胞（軸突、樹突）之間的連接點，是一個小小的間隙。

胎兒 新生命發育的第二個階段，從懷孕後第8周到出生前。

胚胎 新生命發育的第一個階段，從受孕開始到第8周成為胎兒時為止。

胞內 位於細胞內部。

胞外 在細胞的外圍。

胞器 細胞中特化的結構，如細胞核和粒線體。

韋尼克區 腦中與語言相關的部分，特別是對説話和文字的理解。

核小體 DNA包裹的基本單位；是DNA鍊子上的一顆「珠子」。

海馬迴 腦的一部分，與鞏固記憶和空間記憶有關。

神經元 即神經細胞,是神經系統的基本細胞。

神經傳遞物質 是神經細胞釋放的化學物質,透過突觸來傳遞神經脈衝。

神經節細胞 透過視神經,把來自視網膜的訊息傳遞到腦。

神經膠細胞 特化的「膠水」細胞,支撐著神經細胞,並把它們固定在正確位置。

胸腺 頸部和胸部內的一種特化淋巴腺,產生特化的白血球以對抗疾病。

胺基酸 蛋白質的構成單位。

胼胝體 腦中左、右大腦半球之間的「橋樑」。

配子 生殖細胞,含有的染色體數目是普通細胞的一半。雄配子是精子,雌配子是卵子。

副交感自主神經系統(PANS) 自主神經系統的一部分,作用是節約身體能量,例如減緩心率和呼吸頻率等。

動脈 將來自心臟的血液帶離的血管。

基因 是DNA的短片段,攜帶單一遺傳特性的基因指令。人類的DNA包含成千上萬個基因,控制著人體和各個部位的發育、運作、維護和自我修復。

基底核 腦中關於控制自主性動作的結構。

晝夜節律 原文字面意思是「大概一整天」,指人體日常節奏所遵循的24小時活動週期。

淋巴系統 引流體液、收集廢物、修復和保護人體的系統。

粒線體 細胞質中的結構,此處是產生能量的部位。

細胞呼吸作用 細胞中能產生能量的化學過程,會生成二氧化碳。

細胞間隙 在細胞裡。

透明帶 卵子外面的厚膜,可防止多個精子穿透進入。

頂葉 協調感覺訊息的腦葉。

惡性(腫瘤) 細胞發生改變,生長不受控制並迅速蔓延,可能致死。

減數分裂 細胞分裂的一種,為了生成卵子和精子。由此產生的細胞中,染色體數目會減半。

絨毛 位於細胞內部、上面和周圍的線狀絨毛,它們因此增加了表面積而沒有增加體積。

視丘 腦中雙蛋形的團塊,是腦皮質和意識的「守門人」。

軸突 神經細胞或神經元中線狀的部分,它會將神經脈衝傳遞給下一個神經元的樹突。

黃體 卵巢中分泌荷爾蒙的細胞團,在排卵後形成。

嗅覺 與氣味相關。它在腦中的控制中心是嗅球。

微血管 人體最細小的血管。

義肢 人工或合成的身體部位。

腦下垂體 是荷爾蒙系統的主導腺體,位於腦的下方。

腦脊髓液(CSF) 一種液體,腦浮在其中,可以提供實質保護、清除廢物、調節血壓並提供一些營養物質。

腦幹 連結腦部與脊髓的部位,這裡有處理人體基本運作的中心,例如呼吸、心跳。

腦膜 腦周圍的3個保護層。

酶 是生物催化劑,能引發一種特定的反應,但是本身並不會有改變。

膠原蛋白 存在於結締組織中的結構蛋白,提供韌性和緩衝。

樹突 是神經細胞的延伸部分,在突觸接收來自其他細胞的脈衝會,並將此訊號沿著樹突傳遞給個細胞本體。

橋腦 高位腦與低位腦之間的連接。此處控制基本的生理過程,如吞嚥和排尿、睡眠和做夢。

激素／荷爾蒙 人體中具管控作用的化學物質,由內分泌系統產生。

靜脈 將血液帶向心臟的血管。

濾泡 卵巢中的細胞群,會分泌荷爾蒙,影響月經週期。通常,在一個月經週期中,一個濾泡產生一顆卵子(卵細胞)

轉移 癌症從人體的一個部位擴散到另一部位。

額葉 是腦的一部分,與情緒功能和重要的認知功能(如解決問題、短期記憶,以及把記憶片段組合成為意識)有關。

邊緣系統 負責感覺、情緒和情感的人體系統。

蠕動 沿著消化道的肌肉,非隨意地交替收縮舒張,協助食物移動。

髓鞘 神經軸突的脂性保護層,它加快神經脈衝沿著軸突行進的速度。

體感覺皮質 腦中的觸覺中樞。

鹼基對 是一對互補的鹼基,連接在兩股雙螺旋上,形成梯狀DNA的梯級。

關於作者

史蒂夫·帕克（Steve Parker）是一位作者、編輯兼顧問，專長在自然世界、生物和一般科學相關的研究。他擁有動物學的學士學位（一級榮譽），是倫敦動物學協會資深科學研究員，曾任職倫敦的自然歷史博物館。他獲獎無數，為紐約時報暢銷作家，出版過300多本著作，包括DK《人體百科》、《人體圖鑑》等，並於學校及圖書館舉辦演講與工作坊。更多相關訊息請見www.steveparker.co.uk。

安德魯·貝克（Andrew Baker）是一位享譽國際的得獎插畫家，任職於編輯、設計和出版領域。他來自約克郡，曾就讀利物浦和皇家藝術學院，現在於密德塞克斯大學擔任客座講師。更多相關訊息請見www.debutart.com。

圖解人體百科
從生理、醫學、遺傳、感官等全面介紹
人體各個部位的基本構造、運作方式以及功能
Body : A Graphic Guide to Us

作者　史提夫·帕克（Steve Parker）、安德魯·貝克（Andrew Baker）
審定者　黃浩然
譯者　沐馨
執行編輯　汪若蘭、陳思穎
行銷企畫　高芸珮
封面設計　賴姵伶
版面構成　賴姵伶
發行人　王榮文
出版發行　遠流出版事業股份有限公司
地址　臺北市南昌路2段81號6樓
客服電話　02-2392-6899
傳真　02-2392-6658
郵撥　0189456-1
著作權顧問　蕭雄淋律師
2020年2月1日　初版一刷
定價新台幣　480元
有著作權·侵害必究　Printed in Taiwan
ISBN　978-957-32-8620-2
遠流博識網　http://www.ylib.com
E-mail: ylib@ylib.com

Illustrations by Andrew Baker
Art Direction and layout by JenniferRoseDesign.co.uk
Text copyright © Steve Parker
The moral right of Steve Parker to be identified as the author of this work has been asserted by him in accordance with the Copyright, Designs and Patents Act 1988.
Complex Chinese translation copyright © 2020 by Yuan-Liou Publishing Co., Ltd.

國家圖書館出版品預行編目(CIP)資料

圖解人體百科 / 史提夫.帕克(Steve Parker)等著；沐馨譯.
-- 初版. -- 臺北市：遠流, 2020.02
面；　公分
譯自：Body : a graphic guide to us
ISBN 978-957-32-8620-2(平裝)
1.人體解剖學 2.人體生理學 3.人體學
397　　108012629

如有缺頁或破損，請寄回更換